高等职业院校设计学科新形态系列教材
上海高等教育学会设计教育专业委员会“十四五”规划教材
丛书主编 江滨　丛书副主编 程宏

图形图像数字处理

马溪茵 姚天宇 韩莉　编著

中国电力出版社
CHINA ELECTRIC POWER PRESS

内 容 提 要

图形图像数字处理是平面设计、建筑设计、数字媒体艺术设计的一门基础课，也是计算机数字图像处理的基础。本书结合 Adobe Photoshop 2022 图形图像处理软件，介绍其基本理论、工作流程和方法。全书分为三部分：第一部分为第一～五章，主要介绍软件的基本理论和基本操作；第二部分为第六～九章，通过应用图标设计，App 界面设计等实践项目介绍软件图形图像处理的各种功能；第三部分为第十～十二章，从网站网页、商业海报、GIF 动画制作三类项目入手，介绍后期图形图像编辑技能。

书中附数字化实操资料，包含书中相关实例的素材文件、操作步骤与完成效果，以及教学课件和多媒体教学视频等。本书适合作为高等院校相关专业教材、各类培训用书，同时可供专业设计人员参考，以及图形图像爱好者自学使用。

图书在版编目（CIP）数据

图形图像数字处理 / 马溪茵，姚天宇，韩莉编著.
—北京：中国电力出版社，2024.1
高等职业院校设计学科新形态系列教材
ISBN 978-7-5198-8093-4

Ⅰ.①图… Ⅱ.①马… ②姚… ③韩… Ⅲ.①数字图像处理—高等职业教育—教材 Ⅳ.①TN911.73

中国国家版本馆 CIP 数据核字（2023）第 165574 号

出版发行：中国电力出版社
地　　址：北京市东城区北京站西街 19 号（邮政编码 100005）
网　　址：http://www.cepp.sgcc.com.cn
责任编辑：王　倩（010-63412607）
责任校对：黄　蓓　王小鹏　常燕昆
书籍设计：王红柳
责任印制：杨晓东

印　　刷：北京瑞禾彩色印刷有限公司
版　　次：2024 年 1 月第一版
印　　次：2024 年 1 月北京第一次印刷
开　　本：787 毫米 ×1092 毫米　16 开本
印　　张：11.5
字　　数：337 千字
定　　价：58.00 元

高等职业院校设计学科新形态系列教材

上海高等教育学会设计教育专业委员会“十四五”规划教材

丛书编委会

序一

党的二十大报告对加快实施创新驱动发展战略作出重要部署，强调“坚持面向世界科技前沿、面向经济主战场、面向国家重大需求，面向人民生命健康，加快实现高水平科技自立自强”。

高校作为战略科技力量的聚集地、青年科技创新人才的培养地、区域发展的创新源头和动力引擎，面对新形势、新任务、新要求，高校不断加强与企业间的合作交流，持续加大科技融合、交流共享的力度，形成了鲜明的办学特色，在助推产学研协同等方面取得了良好成效。近年来，职业教育教材建设滞后于职业教育前进的步伐，仍存在重理论轻实践的现象。

与此同时，设计教育正向智慧教育阶段转型，人工智能、互联网、大数据、虚拟现实（AR）等新兴技术越来越被应用到职业教育中。这些技术为教学提供了更多的工具和资源，使得学习更加多样化和个性化。然而，随之而来的教学模式、教师角色等新挑战会越来越多。如何培养创新能力和适应能力的人才成为职业教育需要考虑的问题，职业教育教材如何体现融媒体、智能化、交互性也成为高校老师研究的范畴。

在设计教育的变革中，设计的“边界”是设计界一直在探讨的话题。设计的“边界”在新技术的发展下，变得越来越模糊，重要的不是画地为牢，而是通过对“边界”的描述，寻求设计更多、更大的可能性。打破“边界”感，发展学科交叉对设计教育、教学和教材的发展提出了新的要求。这使具有学科交叉特色的教材呼之欲出，教材变革首当其冲。

基于此，上海高等教育学会设计教育专业委员会组织上海应用类大学和职业类大学教师们，率先进入了新形态教材的编写试验阶段。他们融入校企合作，打破设计边界，呈现数字化教学，力求为“产教融合、科教融汇”的教育发展趋势助力。不管在当下还是未来，希望这套教材都能在新时代设计教育的人才培养中不断探索，并随艺术教育的时代变革，不断调整与完善。

同济大学长聘教授、博士生导师
全国设计专业学位研究生教育指导委员会秘书长
教育部工业设计专业教学指导委员会委员
教育部本科教学评估专家
中国高等教育学会设计教育专业委员会常务理事
上海高等教育学会设计教育专业委员会主任

2023年10月

序二

人工智能、大数据、互联网、元宇宙……当今世界的快速变化给设计教育带来了机会和挑战，以及无限的发展可能性。设计教育正在密切围绕着全球化、信息化不断发展，设计教育将更加开放，学科交叉和专业融合的趋势将更加明显。目前，中国当代设计学科及设计教育体系整体上仍处于自我调整和寻找方向的过程中。就国内外的发展形势而言，应当如何评价设计教育的影响力，设计教育与社会经济发展的总体匹配关系如何，这是设计教育的价值和意义所在。

设计教育的内涵建设在任何时候都是设计教育的重要组成部分。基于不断变化的一线城市的设计实践、设计教学，以及教材市场的优化需求，上海高等教育学会设计教育专业委员会组织上海高校的专家策划了这套设计学科教材，并列为“上海高等教育学会设计教育专业委员会‘十四五’规划教材”。

上海高等院校云集，据相关数据统计，目前上海设有设计类专业的院校达60多所，其中应用技术类院校有40多所。面对设计市场和设计教学的快速发展，设计专业的内涵建设需要不断深入，设计学科的教材编写需要与时俱进，需要用前瞻性的教学视野和设计素材构建教材模型，使专业设计教材更具有创新性、规范性、系统性和全面性。

本套教材共30册，后续还将逐步增加，适用于设计领域的主要课程，包括设计基础课程和专业设计课程。专家组针对教材定位、读者对象，策划了专用的结构“四大模块：设计理论、设计实践、项目解析、数字化资源”。这是一种全新的思路、全新的模式，也是由高校领导、企业专业骨干，以及教材编写者共同协商，经专家多次论证、协调审核后确定的。教材内容以满足应用型和职业型院校设计类专业的教学特点为目的，整体结构和内容构架按照四大模块的格式与要求来编写。“四大模块”将理论与实践结合，操作性强，兼顾传统专业知识与新技术、新方法，内容丰富全面，教授方式科学新颖。书中结合经典的教学案例和创新性的教学内容，图片案例来自国内外优秀、经典的设计公司实例和学生课程实践中的优秀作品，所选典型案例均经过悉心筛选，对于丰富教学案例具有示范性意义。

本套教材的作者来自上海多所高校设计类专业的骨干教师。上海一线城市众多设计院校师资雄厚，使优选优质教师编写优质教材成为可能。这些教师具有丰富的教学与实践经验，上海国际大都市的背景为他们提供了大量的实践机会和丰富且优质的设计案例。同时，他们的学位背景交叉，遍及理工、设计、相关文科等。从包豪斯到乌尔姆到当下中国，设计学作为交叉学科，使得设计的内涵与外延不断拓展。作者团队的背景交叉更符合设计学科的本质要求，也使教材的内容更能达到设计类教材应该具有的艺术与技术兼具的品质。

希望这套教材能够丰富我国应用型高校与职业院校的设计教学教材资源，也希望这套书在数字化建设方面的尝试，为广大师生在教材使用中提供更多价值。教材编写中的新尝试可能存在不足，期待同行的批评和帮助，也期待在实践的检验中，不断优化与完善。

丛书主编 江滨

2023年10月

前言

本书为了满足高等职业技术教育院校学生对于图形图像数字处理的学习需要所编写。全书以Adobe公司推出的图形图像处理Photoshop（简称PS）为教学实践应用教件，融合软件在图像、图形、文字等各方面的多项编辑优势，通过案例详细的操作步骤讲解，解决平面图像数字处理的技术问题与实操难题。

本书课程知识点模块化，设计项目遵循学生认知特点编写，从设计理论、设计实践、项目解析三大部分入手。通过对PS软件基本操作的解析，学生能快速熟悉软件的工具栏各项功能和平面设计中所需的常用处理方法；通过课堂案例的演练，学生能深入学习图形图像的数字处理软件并打开艺术设计思路；通过作业练习和思考拓展，学生能拓展实际应用能力，提高思考探索能力；在内容编写方面，力求细致全面、重点突出；在文字叙述方面，言简意赅、通俗易懂；在案例选取方面，强调案例的针对性和实用性。

本书编写情况为：马溪茵（负责第三、六、九、十一章）、姚天宇（负责第一、四、七、十章及附录）、韩莉（负责第二、五、八、十二章）。参编的企业专家为：申都设计集团有限公司总建筑师郭志明、上海华建工程建设咨询有限公司罗佳妮，上海席地建筑设计咨询有限公司负责人赵颖。他们都为本书提供了相关案例资料。

由于编者学识有限，书中如有不妥之处，敬请读者批评指正。

编者

2023年10月

本书配套资源包中提供了各章的案例素材，可扫描二维码获取。

目录

第三部分 图形图像数字处理项目解析

第一部分

图形图像数字处理设计理论

第一章 图形图像处理理论基础

本章主要介绍Photoshop的发展和现状、图形图像处理的基础知识和应用、设计数字化及未来展望等内容。通过本章的学习，读者可以很快熟悉和掌握图形图像处理的基础知识和课程目标，能够更快、更准确地开始学习如何使用Photoshop处理图像。

知识目标

（1）了解图形图像处理的发展的历史。

（2）了解图形图像处理的发展的现状。

（3）掌握色彩的基础原理。

（4）掌握色彩的基础配色原理。

能力目标

（1）能使用PS进行照片的水墨风格处理。

（2）能使用PS进行照片的油画风格处理。

第一节 图形图像处理的发展历史和现状

图形图像处理是一种通过利用计算机加工图形图像，以达到使用需求的技术。图形图像处理技术在生活中随处可见，如包装设计、网站设计、广告设计、展示设计等都会使用到图形图像处理技术。本章从Photoshop CC 2022入手，介绍图形图像处理技术的发展历史和现状。

一、图形图像处理的发展历史

图形图像处理的发展依赖于计算机技术的进步，从1946年2月第一台计算机在美国诞生，经历了电子管计算机、晶体管计算机、微处理计算机等计算机的面世，直到1984年美国苹果公司推出了划时代的图形界面Macintosh麦金塔系列电脑，第一次让个人有了通过操作电脑来处理图形图像的能力。

Adobe Photoshop，主要处理以像素构成的数字图像。Photoshop有许多功能，在图像、图形、文字、视频、出版等方面都有使用。

1987年，美国密歇根大学计算机视觉专业博士托马斯·诺尔（Thomas Knoll）编写了一个叫Display的程序，用来在黑白显示器上显示灰阶图像，这个程序即为Photoshop软件的前身。托马斯的哥哥约翰·诺尔（John Knoll）在一家特效公司“工业光魔”担任视觉特效总监，他委托弟弟托马斯编写一个处理数字图像的程序，于是托马斯重新编写了Display的代码，使其具有了羽化、色彩调整和色彩校正功能，并可以读取各种格式的文件，这个程序被托马斯称为Photoshop。之后，一家扫描仪公司首先采用了Photoshop软件，但很快Adobe公司发现了Photoshop的巨大价值并买下了它。Adobe公司在1990年2月推出了Photoshop1.0，当时只能在苹果机（Mac）上运行，但Photoshop的出现给计算机图像处理行业带来了全新的冲击与改变。至此，图形图像处理市场蓬勃发展，开创了电脑设计的时代。

2003年，Adobe Photoshop 8被更名为Adobe Photoshop CS系列，也添加了许多基本的照片处理功能。2013年，Adobe公司推出了新系列Photoshop CC（Creative Cloud）。从2020年开始，Photoshop直接叫作Adobe Photoshop 2020，新增加了云文档功能。至2023年，Adobe Photoshop 2023为最新的市场版本。可以说，Photoshop的出现改变了图像处理的方式，也改变了图像的创建方式。

二、图形图像处理的现状

21世纪初，随着图形图像处理技术迅猛发展，电脑设计应用软件层出不穷，功能繁杂，在几乎每个设计领域都有其对应的专业设计软件，例如：AutoCAD是进行专业工程设计的软件，可以用来绘制机械制图、建筑施工图纸等；Painter是优秀的仿自然绘画软件，拥有全面和逼真的仿自然画笔；Adobe Firework是专业网页设计软件；Adobe的Aftereffects是进行二维动画制作和视频后期编辑的软件；Adobe的Illustrator则是矢量图形设计软件等。尽管有许多软件在不断地更新迭代，Adobe的Photoshop系列却始终处于行业顶尖不可撼动的位置，在设计领域也成为某种意义上行业的通用标准。这与它功能的强大、齐全，以及同为Adobe公司软件之间的通用性等都有关系。学好、用好Photoshop是设计行业从业者必不可少的基本技能，也是成熟专业的设计师可靠忠实的设计助手。

第二节 图形图像处理课程的基本理论

一、色彩基础原理

掌握色彩基础理论在图形图像处理中是非常重要的。只有学好色彩的基本知识，了解色彩相互的关系，才能在设计中进行合理的色彩搭配，做出美观且具有视觉冲击的作品。

在生活中，我们都有这样的体会：当我们身处于完全无光漆黑的环境中，是没有办法看到任何形状和色彩的。反之，一旦有了光的存在，哪怕光线微弱，就能够看到一些外部环境信息。现代物理学研究证实了光是一种以电磁波形式存在的辐射能。

17世纪英国物理学家牛顿做了一个非常著名

的实验——光的色散实验：将一束白光引入暗室，使其通过三棱镜再投射到白色的屏幕上，结果出现了红、橙、黄、绿、青、蓝、紫七色组成的彩色光带，如图1-1所示。

光是色彩的来源，光照射在物体上会产生吸收、反射和透射现象。如果全部的光线都被物体反射回来，则被反射的光会仍然混合成白光，那么这个物体看上去就是白色的。相反，如果光全部被物体所吸收，没有被反射回来，则物体看上去就是黑色的。

色彩是通过眼睛、大脑，结合生活经验所产生的一种对光的视觉效应。也就是说人们之所以能感知到色彩主要取决于光。色彩是与人的感觉和知觉联系在一起的，因此在认识色彩的时候，所看到的并不是物体本身的色彩，而是通过色彩的形式。对物体反射的光进行感知，即光是产生色的原因，色是光被感知的结果。

1. 色彩的分类

色彩可以分为两大类，即有彩色系和无彩色系，有彩色是指具备光谱上的某些色相，统称为彩调；与此相反，无彩色即没有彩调。另外无彩色系，有明暗，表现为白色和黑色也称色调，有彩色的表现复杂，但可以用色相明度和纯度来确定。

（1）有彩色系：指以红，黄、蓝为基本色，利用基本色之间不同量的混合以及基本色与无彩色之间不同量的混合所形成的数目庞大的色彩体系，其中各种色彩（色光）的性质由光的波长和振幅决定。波长决定色相，振幅决定明度和纯度，如图1-2所示。

（2）无彩色系：指黑色、白色以及由黑白两色混合而成的深浅不一的灰色。根据牛顿在光的色散实验中得出的结论："白色由7种颜色的光混合而成"，可以推演出另一现象，即没有光或少了光的强度，色彩就变成黑色或灰色。因此无彩色系中的色彩（色光）不具备色相与纯度的性质，只在明度上有变化。无彩色系不具备有彩色系鲜艳亮丽的特征，却具有沉稳细腻和丰富的表现力，如图1-3所示。

2. 色彩的三要素

任何一种有彩色都具备色相、明度和纯度，这三种要素中的任何一个要素发生了变化，这一颜色也会随之改变。实际上，色彩三要素是一个整体概念，色彩发生改变，三种要素也会相应发生变化。

（1）色相：指色彩的相貌，是区分色彩种类的名称。人们将一种色彩称为红色，另一种称为蓝色时，指的就是色彩的色相这一属性。

（2）明度：也称"亮度""深浅度"，指色彩的明暗程度，对色彩感觉起着重要的作用。明度在色彩三要素中地位特殊，具有很强的独立性。明度可以不带有任何色相特征，仅通过黑白灰的关系就可以将画面关系及情境呈现出来。

（3）纯度：也称"饱和度""彩度"和"鲜度"，指色彩的鲜艳程度，其中无彩色系的黑白灰不具备纯度特征。

在Photoshop中可以通过"色相 / 饱和度"命令来调节图形图像的色彩三要素，如图1-4所示。

3. 色彩的表达体系

为了更方便地认识研究和运用色彩，使色彩之间的关系变得清晰、直观、更易于理解和识别，各种能够清晰地表现出色彩关系的色相环和色立体应运而生。

（1）色相环：在应用色彩理论中，通常用色环来表示色彩系列，早期的色相环，包括英国物理学家牛顿的6色色相环和瑞士艺术理论家约翰内斯的12色色相环。最常见的12色色环如图1-5所示。

图1-1　光的色散实验

图1-2　有彩色系

图1-3　无彩色系

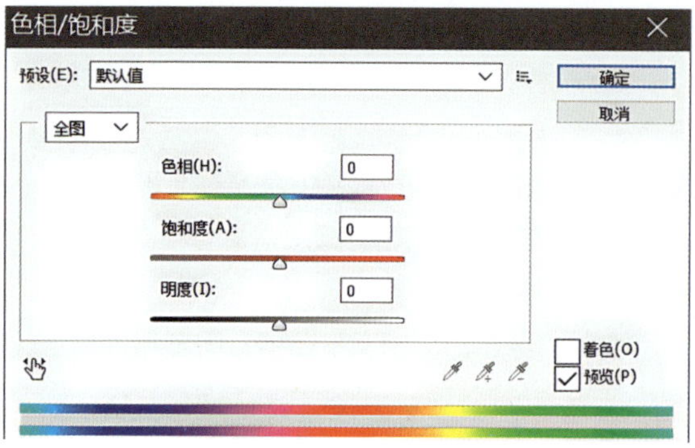

图1-4　PS中的色相 / 饱和度调节板

图1-5　12色色相环

（2）色立体：色相环无法体现色彩明度、纯度色相之间的变化关系，为此一些色彩学家发明和创造了色彩三维立体模型，色立体应运而生。

色立体模仿地球构造形态设计而成，借助三维空间来表示色相明度纯度的概念，无论色立体的立体模型如何变化，都有一些共性的结构特征。其色相沿着色立体中心轴的走向，其明度由低向高，使色相产生各种深浅不同的变化，其明度在纬向状态中，使纯度发生了各种不同的变化。这种色彩系统的结构关系，为人们掌握色彩原理提供了更直观的视觉形象。图1-6为Photoshop中的拾色器。

图1-6　Photoshop拾色器

二、色彩的混合

色彩的混合方式有三种：加法混合、减法混合和中性混合。

1. 原色

三原色是指三种颜色中的任意一种原色都不能用另外两种原色混合而成。而其他颜色则可以由这三种颜色按一定的比例混合出来，这三个独立的颜色称之为三原色。三原色有色素三原色和色光三原色之分。

（1）色素三原色：品红、柠檬黄和湖蓝这三种颜色即为色素三颜色。将这三种颜色等量混合并得到二次色，即三间色：绿色、紫色、橙色。而将原色与间色相调，或用间色与间色相调，便可得到三次色，即复色。色素混合得越多，明度就越低，当所有色素混合在一起时，会趋向于灰黑色。如图1-7所示。

（2）色光三原色：17世纪英国生理学家托马斯·扬根据人眼的视觉生理特征，提出了色光三原色的假定理论。在此基础上，德国生理学家赫姆霍尔斯认为，由于人类眼睛的视网膜上分布有三种感色锥状细胞，它们会在光的刺激下产生兴奋，对红光、绿光和蓝光比较敏感，因此红、绿、蓝可以说是人眼的三基色，也是色光的三原色。与色素混合相反，色光混合越多，明度就越高，当所有色光进行混合时，可以得到白光。如图1-8所示。

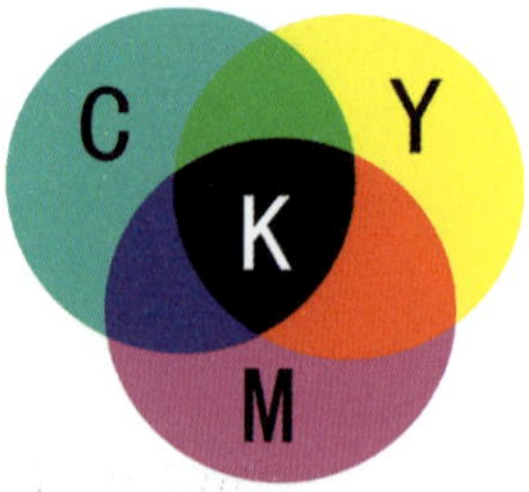

图1-7　色素三原色

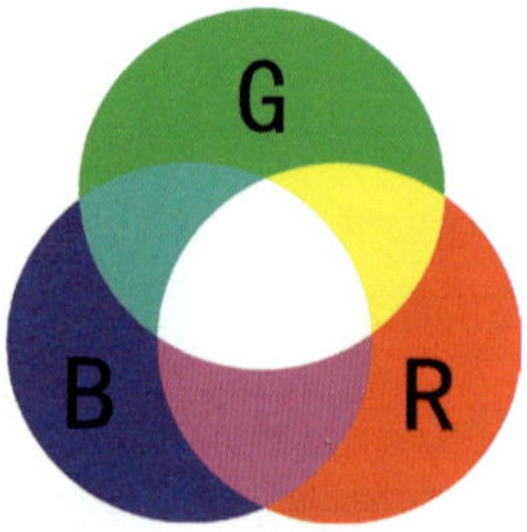

图1-8　色光三原色

（3）补色：根据色素三原色和色光三原色之间的混合关系，还可以得出补色的概念。例如，色光三原色中的某一种色光与另外一种色光等量相加后形成白光，这两种色光就会构成互为补色的关系，成为互补色光。而在色素三原色中，若两种颜色相混呈现出黑灰色，则这两种颜色互为补色。

2. 加法混合

加法混合也称为“正混合”“色光混合”“第一混合”。其指两种或两种以上的色光同时反映于人眼，视觉会产生另一种测光的效果。随着色光量的增加，色光明度逐渐提高，色光三原色混合即为加法混合。

3. 减法混合

减法混合也称为“负混合”“第二混合”，是两种或两种以上的色素混合后产生另一种颜色的色素的现象，表现为色彩越混合越暗。混合色的总亮度会随着混合颜色的增加而不断降低，色素三原色混合即为减色混合。

三、基础配色原理

色相搭配方式是把不同色相组合在一起，利用各色相的差别形成配色。配色时通常以24色色相环为依据，24色色相环上的任何一种色相都能以自身为基本色，去与其他色彩构成搭配组合关系。一般可以把色相对比方式分为双色相搭配和多色相搭配两种配色方式。

1. 双色相搭配

（1）同类色搭配：色相在色相环中色彩相距为0°的搭配，是同一色相、不同明度与不同纯度的对比关系，如图1-9所示。0°色相属于较难区分的色相，其色相属性具有同一性，同类色搭配虽然没有形成色彩的层次，但形成了明暗的层次，可以通过拉大明度差距来产生出其不意的视觉效果。

（2）类似色搭配：色相在色相环中色彩相距15°到30°的对比，是色相比较类似，但成分已经不同的搭配关系，如图1-10所示。

（3）邻近色搭配：色环在色相环中色彩相距45°到60°的对比，形成对比的色彩之间既有差异又有联系，如图1-11所示。

（4）中差色搭配：色相在色相环中色彩相距90°左右的搭配色。色相差异较为显著，如两种颜色或两种颜色之间的差异，如图1-12所示。

（5）对比色搭配：色相在色相环中色彩相距120°左右的对比，如图1-13所示。这种对比由于色彩距离较远，在视觉上互相冲突，色相之间缺乏共性，因此色彩个性差异很大，属于不易调和的色彩。

（6）互补色搭配：色相在色相环中色彩相距180°左右的对比，是处于色相环中直径的两端，如图1-14所示。互补色对比的色彩距离最远，是色相搭配的极限，在实际使用中当两种补色并置在一起。为了突出对比效果，常需要把其中一种色彩强调出来，使其起支配作用而弱化另一种色彩，令其处于从属地位。

色相搭配的强弱体现受色相在色相环上距离远近的影响与基本色距离越近的对比越弱，距离越远的对比越强。不同的色相搭配可以划分为弱、中、强三种对比形态。它们之间分别具有不同的优缺点，在表达配色效果时可以按照需求来决定如何使用。

图1-9　同类色搭配

图1-10　类似色搭配

图1-11　邻近色搭配

图1-12　中差色搭配

图1-13　对比色搭配

图1-14　互补色搭配

2. 多色相搭配

（1）三角形色相搭配：三角形色相对比指采用色相环上位于正三角形（等边三角形）位置上的三种颜色搭配的设计方式，如图1-15所示。三角形配色最具平衡感，具有鲜明又亲切的效果，最具代表性的是三原色组合。由于色相纯度最高，其组成的色相对比能起到最强烈的视觉效果。三间色对比在纯度上有所减弱，配色效果也相对温和；三复色对比产生的视觉效果又减弱了一些，但复色对比的色域却是最丰富的。

（2）四角形色相搭配：四角形色相对比指将两组对比色或互补色相搭配的配色方式，如图1-16所示。用更直白的公式表示可以理解为：对比色 / 互补色+对比色 / 互补色=四角形色相搭配。四角形配色能够形成极具吸引力的效果，暖色和冷色的冲突也更激烈。四角形配色适合小面积使用，如大面积使用最好在面积上区分主次，并降低一些色彩的纯度或明度，以减弱对比的尖锐性。

图1-15　三角形色相搭配

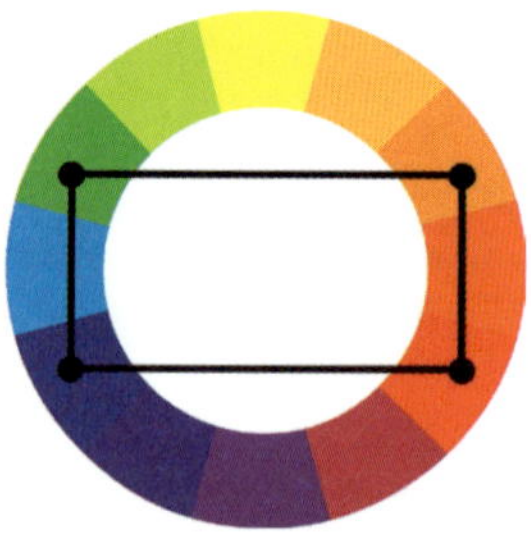

图1-16　四角形色相搭配

第三节　图形图像处理课程的应用

图形图像处理是一种应用计算机图像加工软件进行图形图像集成处理的技术。图形图像处理技术的主要功能有：将图像数字化处理，恢复和增强图像的色彩、保真、图像的压缩处理、色彩编辑等。目前计算机图形与图像处理技术已经融合，并在艺术、设计、可视化等领域中都有广泛应用。

图形图像的表现形态非常丰富，包括纸介质的，照片的以及视频的等。其中数字图像是图形图像处理中非常有利的素材。

一、数字图像的收集

摄影技术自19世纪问世以来，经历了不同时期的变革，数码摄影的完善与普及颠覆了传统摄影的概念界限。数码相机既是摄影艺术利器，又成为现代设计中一种便捷快速的影像捕捉工具，并可轻而易举地把数据传输给计算机端，根据需要来修改和处理图像，使得数字图像具有进行各种数字处理和创意表现的便利。数码相机主要有两种方式为图形图像的创意表现提供数字图像素材，那就是“直接拍摄方式”和“收集性拍摄方式”。

1. 直接拍摄方式

“直接拍摄方式”是根据图形图像的创意设计需求直接进行影像拍摄，这种方式具有目的性强、效率高的特点，通过室外现场的拍摄或是室内摄影棚的布置拍摄，直接拍摄出图形图像创意设计所需要的图像，再进行后期的制作。

2. 收集性拍摄方式

“收集性拍摄方式”是指平常进行的收集性拍摄，这种方式具有内容多，数量大的特点，使用这种方式拍摄数字图像素材往往具有不确定性，就是对生活中任何有兴趣的素材，不论是花鸟鱼虫、山水草木、车马棚屋、男女老少甚至锅碗瓢盆等进行随时拍摄，然后分门别类建立自己的影像资料库，这样就可以得到一定的资料积累在以后的图形图像，创意设计中随时调取相关的资料来使用。

两种方式在图形图像创意设计中都是常用的方法，既可以独立使用，又可以彼此互补使用。因为直接拍摄的方式精确度高，但临时拍摄成本会增加，此时如能应用到收集的素材，收集性拍摄方式的优势就体现出来了。所以设计师在平时会将这两种方式结合起来使用，为图形图像创意设计提供有力的支撑。

二、课堂案例——数字图像的水墨画处理

本案例是将摄影照片转为中国水墨画风格，是数字图像处理的一种表现方法。案例效果如图1-17所示。

（1）按Ctrl+O组合键打开素材文件“山峦.jpg”，得到“背景”图层，如图1-18所示。复制一层，得到“背景拷贝”图层，选择“背景拷贝”后点击菜单中的图像-调整-色阶，将参数调整为“110，1，155”，如图1-19所示。点击确定，得到效果如图1-20所示。

（2）点击菜单中的“滤镜-风格化-查找边缘”，得到效果如图1-21所示。

图1-17　数字图像的水墨画处理

图1-18　打开素材“山峦”

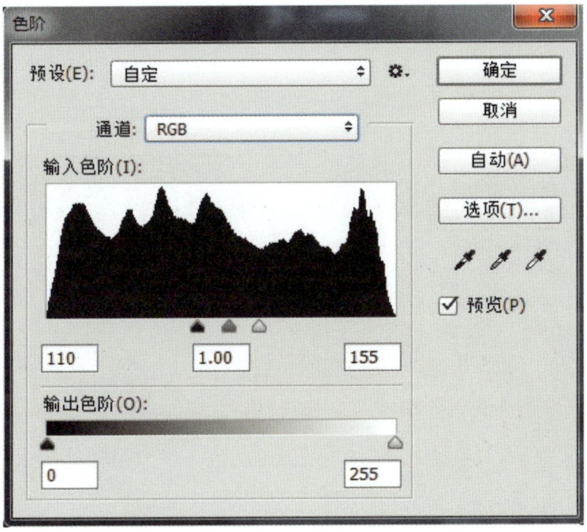

图1-19　调整色阶（1）

图1-20　调整色阶效果（1）

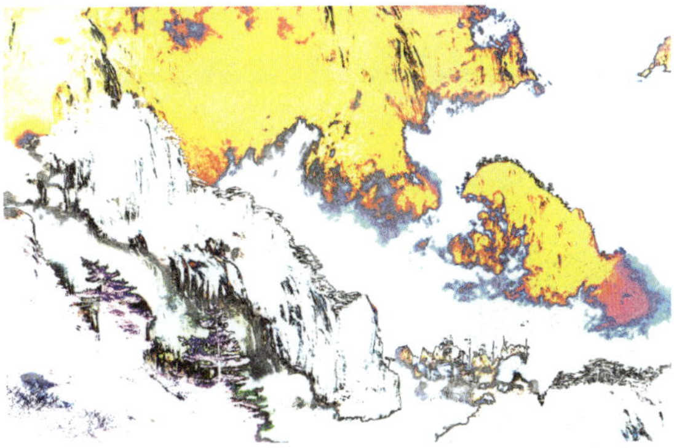

图1-21　查找边缘效果

（3）点击菜单中的“图像-调整-去色”，得到黑白效果，如图1-22所示。

（4）点击菜单中的“图像-调整-色阶”，将参数调整为“93，1，255”，如图1-23所示。点击确定，得到加强黑白对比的效果，如图1-24所示。

（5）复制“背景”图层，得到“背景拷贝2”图层，选中该图层使用菜单中的“滤镜-滤镜库-画笔描边-烟灰墨”，如图1-25所示。得到效果如图1-26所示。

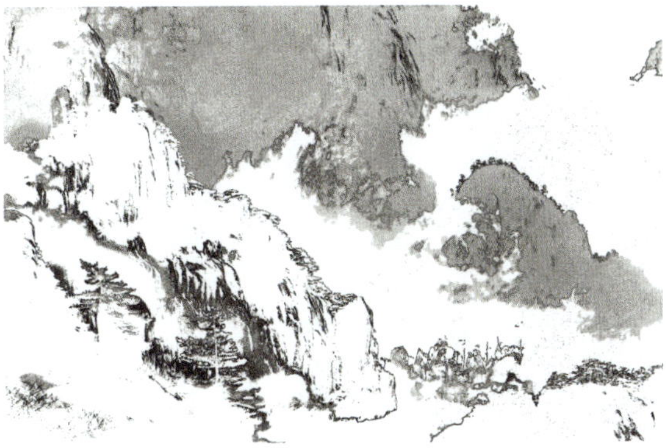

图1-22　去色效果

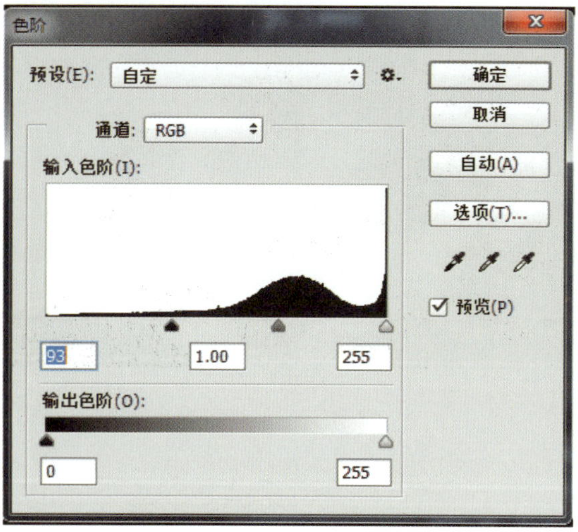

图1-23　调整色阶（2）

图1-24　调整色阶效果（2）

图1-25　烟灰墨滤镜

图1-26　烟灰墨滤镜效果

三、课堂案例——数字图像的西洋画处理

本案例是将摄影照片制作成西洋油画的效果。西方写实绘画的主要表现特点是强调透视关系、明暗关系和色彩关系，将照片制作成西方绘画有着得天独厚的优势。本案例的最终效果如图1-27所示。

图1-27　数字图像的西洋画处理

（1）按Ctrl+O组合键打开素材文件“静物.jpg”，得到“背景”图层，如图1-28所示。点击菜单中的“滤镜-转换”为智能滤镜，使图层变为智能对象。

（2）点击菜单中的“滤镜-扭曲-波纹”，点击“确定”，得到效果如图1-29所示。

（3）点击菜单中的“滤镜-风格化-扩散”，点击确定，得到效果如图1-30所示。

（4）点击菜单中的“滤镜-滤镜库-艺术效果-底纹效果”，将参数调整为如图1-31所示，纹理选择粗麻布。点击确定，得到效果如图1-32所示。

（5）点击菜单中的“图像-调整-色阶”，将参数调整为“20，1，209”，如图1-33所示。点击“确定”，得到最终的西洋画效果，如图1-34所示。

图1-28　打开素材“静物”

图1-29　波纹滤镜效果

图1-30　扩散滤镜效果

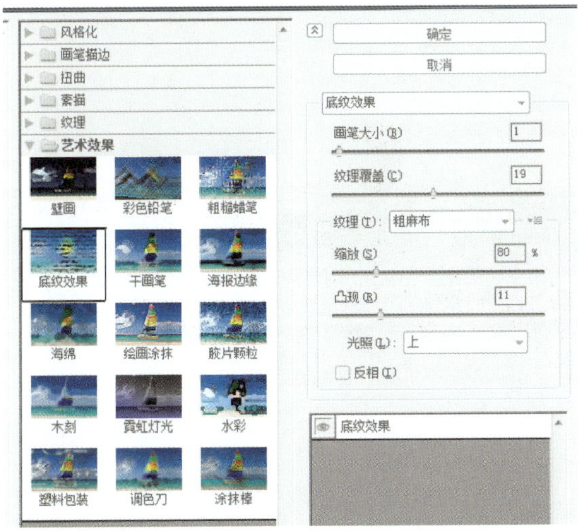

图1-31　选择底纹效果滤镜

图1-32　底纹滤镜效果

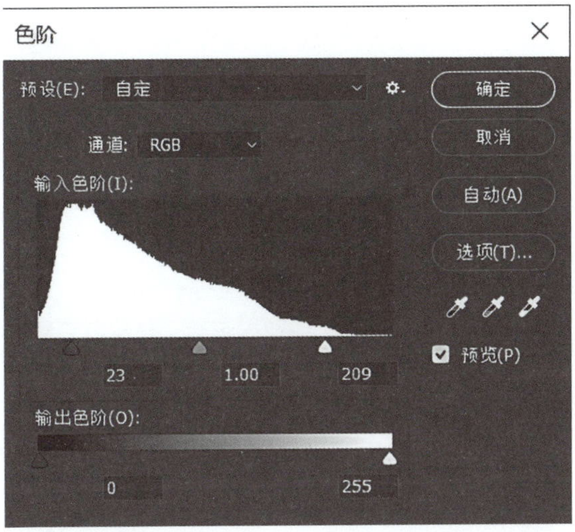

图1-33　调整色阶（3）

图1-34　最终效果

第四节　图形图像处理的设计数字化及未来展望

本教程中的知识技能够帮助读者应用在以下领域。

1. 平面设计

平面设计是在二度空间的平面材质上，运用各种视觉元素的组合及编排来表现其设计理念及形象的方式。我们一般认知的平面设计是把文字、照片或图案等视觉元素加以适当的影像处理及版面安排，而表现在报纸、杂志、书籍、海报、传单、标志、VI等纸质媒体上，也就是在纸质媒体上进行美术设计及版面编排。

2. UI设计

UI的本义是用户界面，是英文User和Interface的缩写。UI设计，指对软件的人机交互、操作逻辑、界面美观进行的整体设计工作。UI设计的应用范围包括高级网页设计、移动应用界面设计，是中国信息产业中的热门领域。

3. 网页设计

网页设计就是为网站页面进行设计并制作网页。网页设计师既是专业的页面设计师，又是网站的开发工程师，不仅要懂页面的设计、规划、排版、简单的动画，甚至还要懂一些代码。网页设计师有意识地编排信息和图像的组合，也是网页易读性的制定人。

4. 摄影摄像

摄影摄像是指为摄影摄像制定拍摄方案，来进行现场拍摄，并通过软件对图片视频进行后期处理，来实现预想的效果。

5. 工业产品设计

工业设计是以工学、美学、经济学为基础对工业产品进行的设计，其理念是“在符合各方面需求的基础上兼具特色”。我们日常各种用品的设计都属于上工业设计，工业设计不仅要求有美术的基础，还要对所设计的产品工艺非常了解。

数字化是指利用各种人工智能、移动技术、通信技术、云计算等进行信息整合，在虚拟世界中重新建立和显示当前的世界。设计数字化也就是对真实世界通过数据进行复制，人们由此可感知被观测物体的各项信息，并应用这些信息进行再创作。

在图形图像处理领域，Adobe公司已经宣布会将AI（人工智能）生成技术应用到Photoshop等设计工具中，并且早已开发云存储技术来辅助多终端设计的可行性。因此在不久的将来，相信人们会发现，设计数字化会是新的设计潮流，辅助设计的门槛会变得不一样，创意、灵感的重要性也将被重新定义。

对设计行业从业者来说，顺应时代潮流是从古至今必不可少的，而对设计风格的应用、经过时间验证的审美标准、细分化的客户需求则还需要专业设计师来进行把控，并且通过真实的行业经验进行不断地锻炼提升。因此，在学习阶段从真实的项目中摄取当下的设计经验非常必要。

本章总结

本章从基础的色彩理论讲起，简要介绍了图形图像处理的基本理论和概念、色彩基础原理和色彩的混合。介绍了在处理图片过程中Photoshop软件的重要性，并分步骤讲解了图形图像通过Photoshop软件形成风格化的过程。通过本章的学习可以帮助读者树立正确的择业观和培养科学全面的职业素养。

课后作业

数字图像的线条化处理

使用PS将照片转为线性图案，最终效果如图1-35所示。

（1）按Ctrl+O组合键打开素材文件“建筑.jpg”，得到“背景”图层，如图1-36所示。点击菜单中的“滤镜-风格-查找边缘”，得到效果如图1-37所示。

（2）点击菜单中的“图像-调整-去色”，得到的效果如图1-38所示。

图1-35　数字图像的线条化处理

图1-36　打开素材“建筑”

图1-37　查找边缘效果

图1-38　去色效果

（3）点击菜单中的“图像-调整-色阶”，将参数调整为“0，1，130”，如图1-39所示。点击“确定”，得到最终的线条化效果，如图1-40所示。

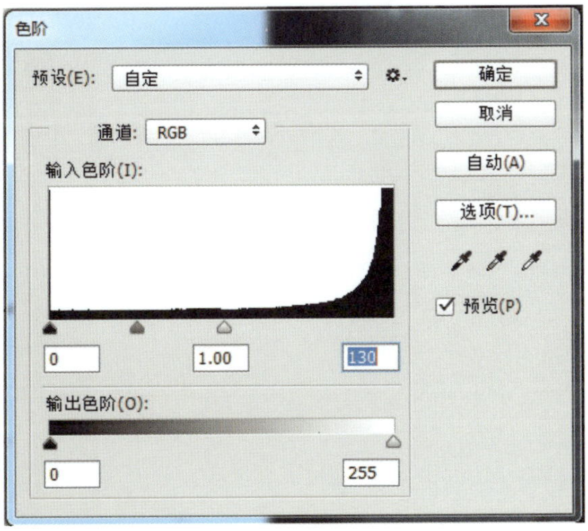

图1-39　调整色阶（4）

图1-40　最终效果

思考拓展

制作色卡

使用PS为这张照片制作色卡，最终效果如图1-41所示。

图1-41　制作色卡

课程资源链接

课件、拓展资料

第二章 图像的基础工具和选区

本章主要介绍图形图像处理理论基础、Photoshop的工作界面、文件操作、基础辅助功能、选框工具、套索工具、魔棒工具和选区的基本操作。通过本章的介绍，读者对Photoshop的基础操作有基本了解，能够对图像进行基础编辑的操作，能够完成对图像的抠图操作，能够使用魔棒工具、框选工具，能够对制作简易的图像效果。

知识目标

（1）掌握魔棒工具的实操技能。

（2）掌握选框工具在案例中的应用方法。

（3）掌握图像编辑的基本操作。

（4）能完成图像简单抠图操作方法。

能力目标

（1）了解图形图像理论相关知识基础点。

（2）掌握文件的相关操作。

（3）掌握选框、套索、魔棒、选区工具的基本使用。

第一节 图形图像处理理论基础

一、像素和分辨率

像素是构成图像的最小单位，可以理解为一个小格子。一幅数字图像是有很多个颜色不同的小格子组成，也就是很多个像素组合在一起就构成了一幅图像，组合成图像的每一个像素只显示一种颜色（图2-1、图2-2）。

图2-1 一幅图像图

图2-2 同一幅图像放大之后像素单位

分辨率是图像处理中一个非常重要的概念，它是指位图图像在每英寸上所包含的像素数量，单位使用每英寸的像素数PPI（Pixels/Inch）来表示。图像分辨率的高低直接影响图像的质量，分辨率越高，文件越大，图像也会越清晰。如分辨率300PPI的图像，处理速度会变慢；反之，分辨率越低，图像就越模糊，如72PPI的图像，文件也会越小（图2-3、图2-4）。

图2-3 分辨率高（300PPI）

图2-4 分辨率低（72PPI）

二、位图与矢量图

位图又称为点阵图，是由许多点组成，这些点为像素（Pixel）。当许多不同颜色的点（即像素）组合在一起后，便构成了一幅完整的图像。

矢量图形也称为向量式图形，它用数学的矢量方式来记录图像内容，以线条和色块为主。这类对象的线条非常光滑、流畅，可以进行无限地放大、缩小或旋转等操作，并且不会失真（图2-5～图2-7）。

图2-5 位图的原始效果

图2-6 放大后的效果

图2-7 矢量工具绘制的图形

三、色彩模式

1. RGB模式

RGB模式是Photoshop默认的色彩模式，是图形图像设计中最常用的色彩模式。它代表了可视光线的3种基本色，即红、绿、蓝，它也称为“光学三原色”，每一种颜色存在着256个等级的强度变化。当三原色重叠时，由不同的混色比例和强度会产生其他的间色，三原色相加会产生白色。

RGB模式在屏幕表现下色彩丰富，所有滤镜都可以使用，各软件之间文件兼容性高，但在印刷输出时偏色情况较重。

2. CMYK模式

CMYK模式即由C（青色）、M（洋红）、Y（黄色）、K（黑色）合成颜色的模式，这是印刷上主要使用的颜色模式，由这种4种油墨合成可生成千变万化的颜色，因此被称为四色印刷。

由青色、洋红、黄色叠加即生成红色、绿色、蓝色及黑色；黑色用来增加对比度，以补偿CMY产生黑度不足之用。由于印刷使用的油墨都包含一些杂质，单纯由C、M、Y三种油墨混合不能产生真正的黑色，因此需要加一种黑色（K）。CMYK模式是一种减色模式，每一种颜色所占的百分比范围为0%~100%，百分比越大，颜色越深。

3. 灰度模式

灰度模式可以将图片转变成黑白相片的效果；它是图像处理中被广泛运用的模式，采用256级不同浓度的灰度来描述图像，每一个像素都有0~255之间的范围亮度的亮度值。

将彩色图像转换为灰度模式时，所有的颜色信息都将被删除。虽然Photoshop允许将灰度模式的图像再转换为彩色模式，但是原来已丢失的颜色信息不能再恢复。

4. 位图模式

位图模式也称为黑白模式，使用黑、白双色来描述图像中的像素，黑白之间没有灰度过渡色，该类图像占用的内存空间非常小。当一幅彩色图像要转换为黑白模式时，不能直接转换，必须先将图像转换为灰度模式，然后再转换为位图模式。

四、图像格式

1. PSD / PSB文件格式

PSD格式是photoshop软件的默认格式，也是唯一支持所有图像模式的文件格式，可以分别保存图像中的图层、通道、辅助线和路径信息。

PSB格式是Photoshop中新建的一种文件格式，它属于大型文件，除了具有PSD格式的所有属性外，最大的特点就是支持宽度和高度最大为30万像素的文件。但是PSD格式也有缺点，就是存储的图像文件特别大，占用磁盘空间较多。由于在一些图形程序中没有得到很好的支持，所以通用性不强。

2. BMP文件格式

BMP格式是DOS和Windows兼容的计算机上的标准图像格式，是英文Bitmap（位图）的简写。BMP格式支持1~24位颜色深度，使用的颜色模式有RGB、索引颜色、灰度和位图等，但不能保存Alpha通道。BMP格式的特点是包含图像信息较丰富，几乎不对图像进行压缩，其占用磁盘空间大。

3. JPEG格式

JPEG是一种高压缩比、有损压缩真彩色的图像文件格式。其最大特点是文件比较小，可以进行高倍率的压缩，因而在注重文件的大小的领域应用广泛，比如网络上绝大部分要求高颜色深度的图像都使用JPEG格式。JPEG格式支持RGB、CMYK和灰度颜色模式，它主要用于图像预览和制作HTML网页。

JPEG格式是压缩率最高的图像格式之一，这是由于JPEG格式在压缩保存的过程中会以失真最小的方式丢掉一些肉眼不易察觉的数据，因此，保存后的图像与原图会有差别。此格式的图像没有原图像的质量好，所以不宜在印刷、出版等高要求的场景下使用。

4. AI格式

AI格式是Illustrator软件所特有的矢量图形存储格式。在Photoshop软件中将保存了路径的图像文件输出为AI格式，可以在Illustrator和CorelDRAW等矢量图形软件中直接打开并可以进行任意修改和处理。

5. TIFF格式

TIFF格式用于在不同的应用程序和不同的计算机平台之间交换文件。TIFF格式是一种通用的位图文件格式，几乎所有的绘画、图像编辑和页面版式应用程序均支持该文件格式。TIFF格式能够保存通道、图层和路径信息。

6. GIF格式

GIF格式也是一种非常通用的图像格式，由于最多只能保存256种颜色，且使用LZW压缩方式压缩文件，因此，GIF格式保存的文件不会占用太多的磁盘空间，非常适合Internet上的图片传输，GIF格式还可以保存动画。

7. EPS格式

EPS是Encapsulated PostScript的缩写。EPS可以说是一种通用的行业标准格式。可同时包含像素信息和矢量信息。除了多通道模式的图像之外，其他模式都可存储为EPS格式，但是它不支持Alpha通道。EPS格式可以支持剪贴路径，排版软件中可以产生镂空或蒙版效果。

第二节　Photoshop的工作界面

一、认识Photoshop CC 2022用户界面

Photoshop CC 2022的用户界面窗口主要包括菜单栏、选项栏、标题栏、工具栏、文档窗口、状态栏、面板栏等内容，如图2-8所示。

（1）菜单栏： 包含可以执行的各种命令，单击菜单名称，可以打开相应的菜单，包括：文件、编辑、图像、图层、文字、选择、滤镜、3D、视图、窗口、帮助。每个命令后面标注了执行该命令所对应的快捷方式。

（2）工具属性栏： 当执行相应的工具指令，选项栏会显示该工具的各种选项，每个工具所附带的工具命令不同，它随所选工具不同而不同，可实现同时显示。

（3）标题栏： 显示文档名称、大小、文档尺寸、当前工具和窗口缩放比例。颜色模式、图层名称信息。

（4）工具栏： 显示软件操作各执行工具指令。

（5）状态栏： 显示文档名称、大小、文档尺寸、当前工具和窗口缩放比例等信息。

（6）面板栏： 显示文档颜色、属性、图层等相关信息。

二、首选项

在操作过程中会遇到一些关于软件设置的常见问题，包括操作界面的颜色如何更改、电脑卡顿问题等。在进行软件操作前可点开“编辑”菜单中的“首选项”，对其中的界面颜色、性能、暂存盘等信息根据使用电脑的情况进行设置。

（1）界面颜色： 打开编辑-首选项-常规 / 界面，可以更改显示界面颜色，如图2-9所示。

（2）工作区恢复： 假如产生了误操作，误删除了某工作区，可点击“恢复默认工作区”找回，如图2-10所示。

图2-8　PS-CC2022的工作界面

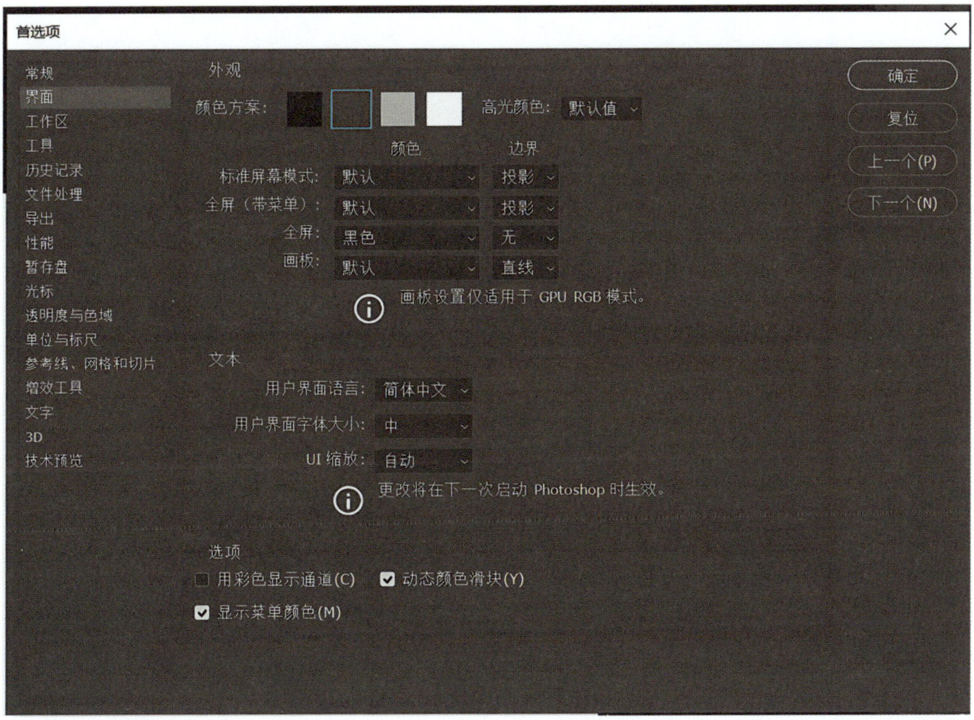

图2-9　界面颜色设置

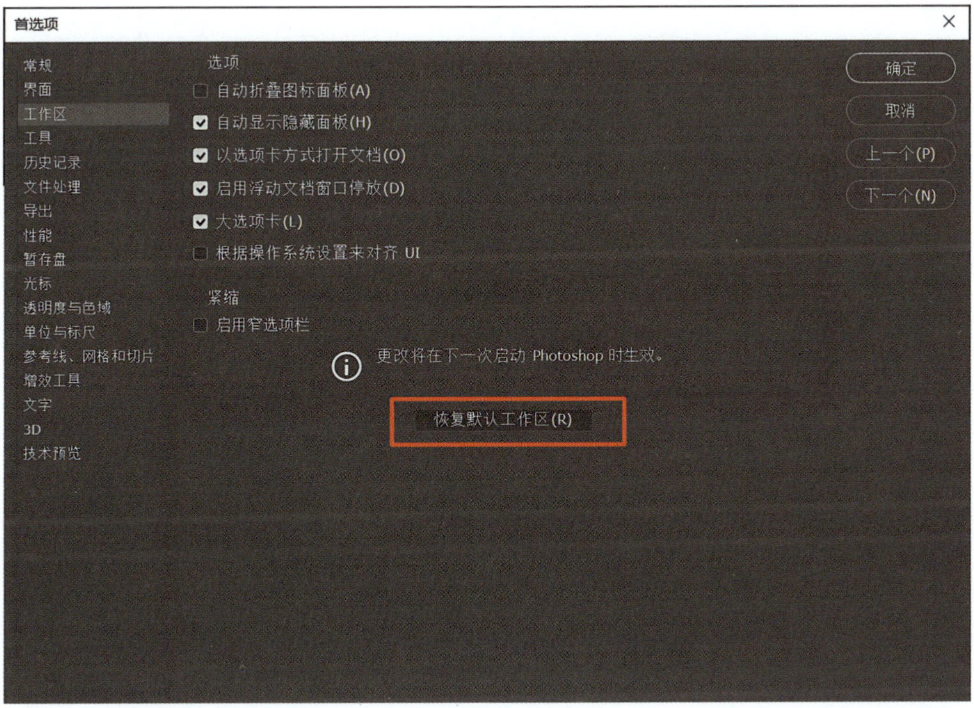

图2-10　工作区恢复

（3）**工具富媒体：**将鼠标放置在某个工具上，鼠标的状态会显示工具的使用方法的指引，建议去掉勾选，提高作图效率，如图2-11所示。

（4）**性能：**这一项中分为四部分：内存使用、历史记录与缓存、暂存盘、显示性能GPU，如图2-12所示。

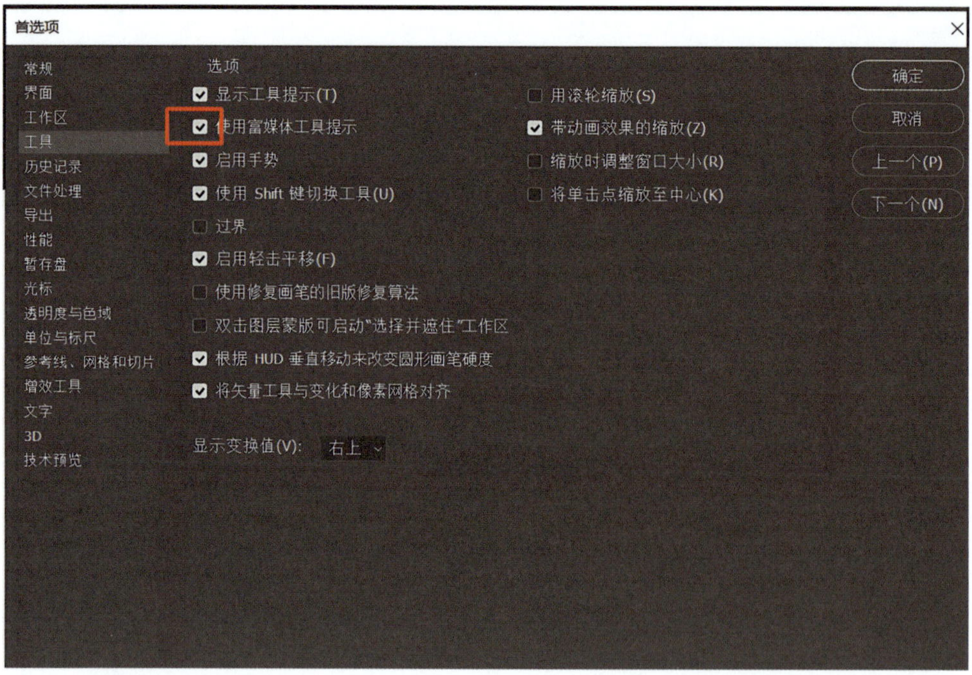

图2-11　工具富媒体关闭与打开

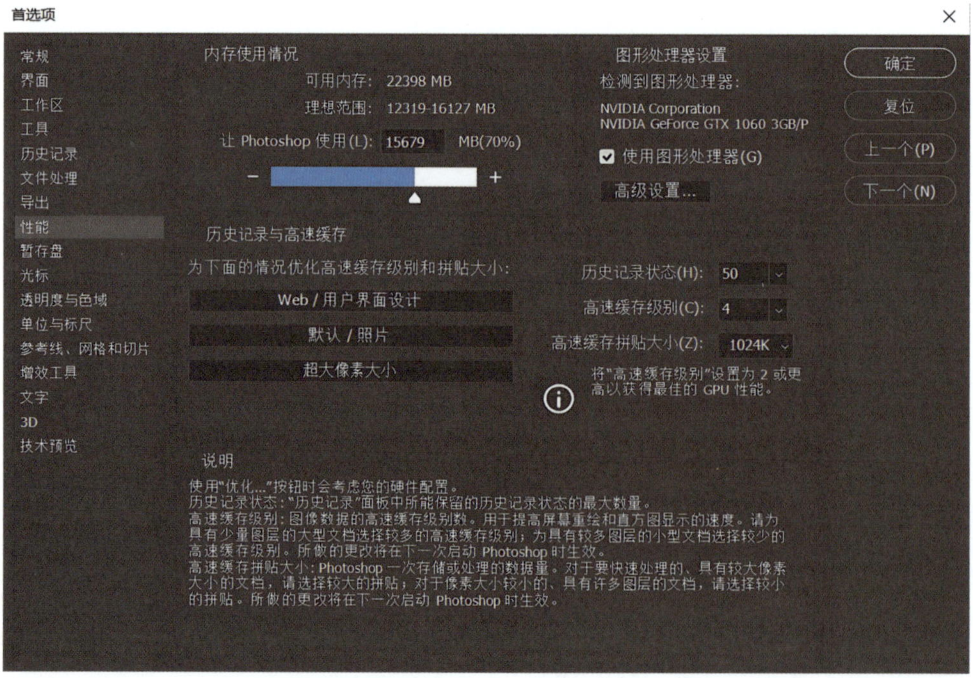

图2-12　性能

内存使用中可以根据自己电脑的配置高低，左右调节滑块到一个适合值，达到PS和电脑系统负载均衡运行；历史记录项的设置可以改变我们在图片处理过程中撤销操作的次数，默认是20步；如果出现视觉效果不好或运行性能总体下降的现象，可以设置显示性能GPU参数。

（5）**暂存盘：**显示软件操作过程中产生的数据储存位置，可根据电脑存储情况更改储存位置，

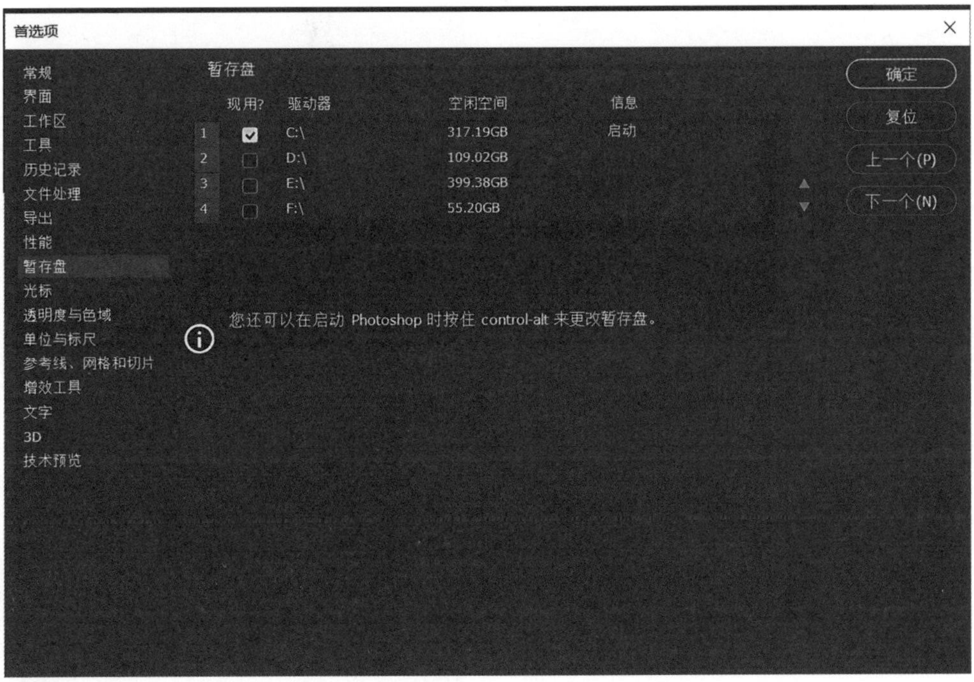

图2-13　暂存盘

建议将默认储存的位置更改为剩余空间较大的储存盘，如图2-13所示。

（6）光标：设置使用画笔工具等绘图工具进行绘图时光标的形状，以及吸管等其他工具的光标形状。

（7）透明度与色域：“透明区域设置”选项组主要用于指定透明区域中网格的大小、颜色以及是否使用视频Alpha。“色域警告”选项组主要用于指定色域的颜色及不透明度。

（8）单位与标尺：“单位”选项组用于指定标尺和文字的单位；“列尺寸”选项组用于指定列的宽度及装订线的宽度；“新文档预设分辨率”选项组用于指定创建新文档时预置的打印分辨率和屏幕分辨率；“点 / 派卡大小”选项组用于指定点单位或派卡单位的大小。

（9）参考线、网格和切片：设置参考线以及智能参考线的颜色、样式，网格的颜色、样式间隔距离以及所包含的子网格数，切片线条的颜色及指定是否显示切片编号。

（10）增效工具：进行增效工具优化设置，可以附加增效工具文件夹，以及旧版本Photoshop的序列号。

（11）文字：优化文字设置。选中“使用智能引号”复选框，可以用弯曲的引号代替直引号；选中“启用丢失字形保护”复选框，Photoshop会指出缺少的字体，并用匹配的字体进行替换。

（12）3D：进行3D项目的相关设置。

第三节　文件操作

一、打开文件

要在Photoshop中编辑一个图像文件，需要先将其打开，文件的打开方式有下几种。

1. 使用“打开”命令打开文件

执行“文件” - “打开” 命令，或按Ctrl+O组合键，在灰色的Photoshop程序窗口双击，均会弹出“打开”对话框，如图2-14所示。

选择一个文件（如果要选择多个文件，可按住Ctrl键的同时通过单击文件进行多选），单击“打开”按钮，双击文件即可将文件打开。“打开”对话框中各选项的含义如下。

查找范围：此下拉列表框中可以选择图像文件所在的文件夹。

文件名：在此下拉列表框中显示所选文件的文件名。

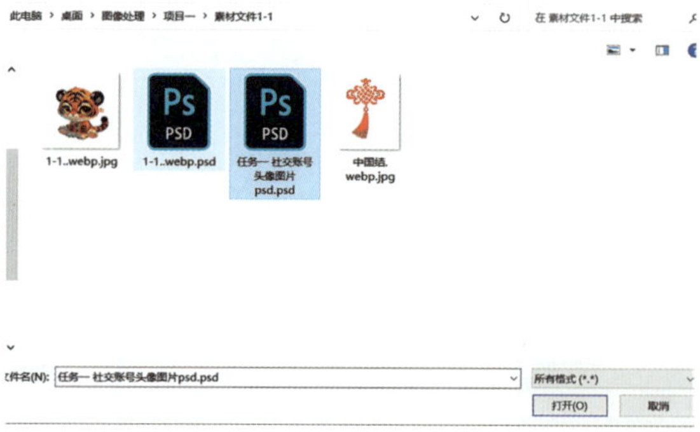

图2-14　打开文件

文件类型： 默认为"所有格式"，如果文件数量过多，可以在下拉列表框中选择一种文件格式，便于查找。

2. 使用"在Bridge中浏览"命令打开文件

执行"文件"-"在Bridge中浏览"命令，可以运行Adobe Bridge，在Bridge中选择一个文件，双击即可在Photoshop中将其打开。

3. 打开文件

"文件"-"最近打开文件"命令的子菜单中保存了用户最近在Photoshop中打开的10个文件，选择一个文件即可将其打开。如果要清除目录，可以执行菜单底部的"清除最近"命令。

4. 置入文件

新建或者打开一个文档后，可以执行"文件"-"置入"命令，将照片、图片等位图文件，以及EPS、PDFAI等矢量文件作为智能对象置入Photoshop文档中。

5. 导入文件

Photoshop支持编辑视频帧、注释和WIA（Windows图像采集）等内容，新建或者打开一个文档后，可以执行"文件""导入"命令，将这些内容导入到图像中。

二、文件三种屏幕模式

在Photoshop中有三种不同的显示模式，这三种显示模式可以执行"视图"-"屏幕模式"下的命令进行切换。

屏幕模式分为三种，即"标准屏幕模式""带有菜单的全屏模式"和"全屏模式"。三种模式的比较如图2-15～图2-17所示。

图2-15　标准屏幕模式

图2-16　带有菜单的全屏模式

图2-17　全屏模式

三种模式的切换也可以通过快捷键F来实现，连续按快捷键F可以在这三种模式间快速切换。为了更好地显示图像的效果，还可以按快捷键Tab来隐藏"工具箱"和"面板栏"。

三、新建

新建文档包括如下内容。

（1）**最近使用项：** 表示最近打开过或者新建过的文档，显示框中会保存文件记录，如果没有新建过，显示框则为空白。

（2）**已保存：** 显示提前保存过的文件。

（3）**照片：**软件自带常见照片尺寸规格，可直接选用，也可自行更改新建尺寸。

（4）**打印：**常见打印规格。

（5）**图稿打印和插图：**软件自带相应规格的预设模板，可调用，或直接在右边对话框进行新建。

（6）**网页版：**预设尺寸，可直接调用或直接在右边对话框进行新建。

四、保存文件

编辑好文件之后，应及时保存，Photoshop保存文件的方法如下。

1. 使用“存储”命令

打开一个文件并修改好之后，执行“文件”“存储”命令，或按Ctrl+S组合键，可以保存所做的修改，图像会按照原有格式进行存储。如果是新建的文件，执行该命令时会打开“存储为”对话框。

2. 使用“存储为”命令

执行“文件”-“存储为”命令，可以将文件保存为另外的文件名和其他格式，或者存储在其他位置，如图2-18所示。

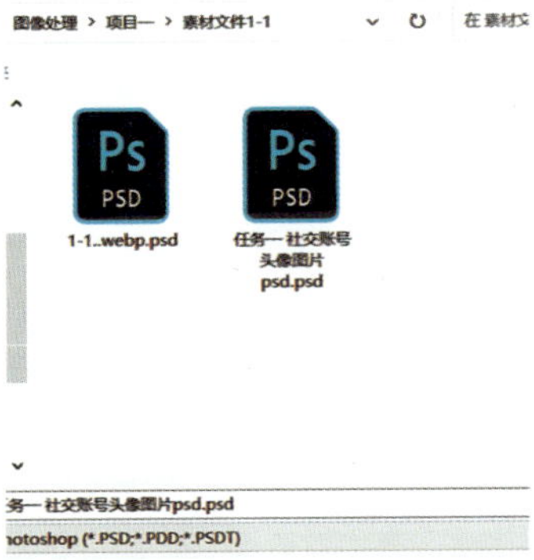

图2-18　存储为

“存储为”对话框中各选项的含义如下。

保存在：在此下拉列表框中可以设置文件的保存位置。

文件名：在此下拉列表框中可以输入文件名。

格式：在此下拉列表框中选择要保存的文件类型。

作为副本：选中该复选框，可以另存一个文件副本。

Alpha通道/图层/注释/专色：这里可以设置是否存储Alpha通道、图层、注释、专色。

使用校样设置：将文件保存为EPS或PDF格式时，选中该复选框，可以保存采用的校样设置。

五、导出文件

导出文件：执行“导出”命令，在菜单中根据不同的需求进行选择，可把在Photoshop创建和编辑的图像导出到Illustrator或视频设备中。

六、关闭文件

1. 关闭文件

执行“文件”-“关闭”命令，或按Ctrl+W组合键，或单击文档窗口右上角的区按钮，可以关闭当前的图像文件。

2. 关闭全部文件

执行“文件”-“关闭全部”命令，可以关闭所有打开的图像文件。

3. 关闭并转到Bridge

执行“文件”-“关闭”并转到“Bridge”命令，可以关闭当前文件，然后打开Bridge。

4. 退出程序内

执行“文件”-“退出”命令，或单击程序窗口右上角的x按钮，可以关闭文件并退出Photoshop。如果文件没有保存，会弹出一个对话框，询问用户是否保存文件。

第四节　基础辅助功能

在Photoshop中使用辅助工具可以快速对齐、快速切换前景色与背景色、快速设置快捷键等。辅助工具包括标尺、参考线、网格和标尺工具等，它们的作用和特点各不相同。

一、图像与画布大小的操作

打开一幅图片“油画作品.jpg”，执行“图像”-“图像大小”命令，可以看到图像的基本信息，如图2-19所示。

图2-19 “图像大小”命令

通过修改图像大小可以完成图像的放大与缩小。

修改画布大小的方法是执行“图像”-“画布大小”命令，即可显示如图2-20所示的“画布大小”对话框。它可用于添加现有的图像周围的工作区域，或减小画布区域来裁切图像。

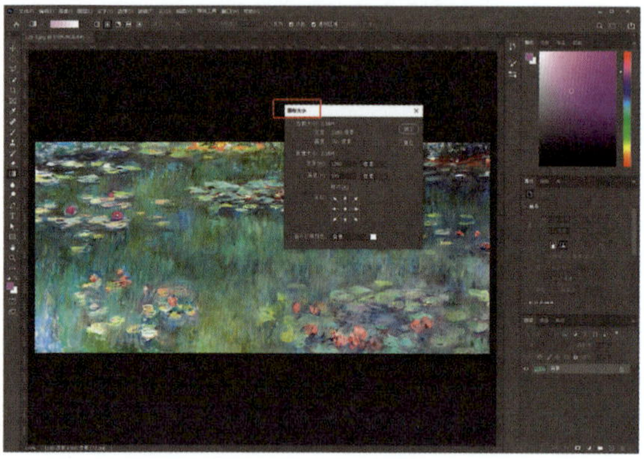

图2-20 “画布大小”命令

二、基本选区的使用

选择区域就是选择用来编辑的区域，所有的命令只对选择区域的部分有效，对区域外无效。选择区域是黑白相间的“蚂蚁线”表示。

使用“矩形选框工具”可以方便地在图像中制作出长宽随意的矩形选区。操作时，只要在图像窗口中拖动鼠标即可建立一个简单的矩形选区（可以复制、粘贴），如图2-21所示。

取消蚂蚁线的方式是执行“选择”-“取消选择”命令。或者使用“取消选择”快捷键Ctrl+D，也可以完成操作。

图2-21 选区“蚂蚁线”

选择方式又分为以下几种功能。

（1）“新选区”按钮：当执行新选区，原来的选区会自动清除，如图2-22所示。

（2）“添加到选区”按钮：能在原有的选区的基础上，添加新的选择区域，有累加选取的功能，又叫“加选”。

（3）“从选区减去”按钮：能在原来选区中，减去与新的选择区域交叉的部分，又称“减选择”。

（4）“与选区交叉”按钮：使原有选区和新建选区相交的部分成为最终的选择范围。

羽化：设置羽化参数可以有效地消除选择区域中的硬边界并将他们柔化，使选择区域的边界产生朦胧的渐隐效果。对选取内容进行羽化前后的对比的效果，如图2-23所示。

图2-23 羽化效果前后对比

样式：当需要得到精确的选区的长宽特性时，可通过选区的“样式”选项来完成。样式分为三种：正常、固定长宽比、固定大小。

图2-22 选区工具选项栏

三、前景色与背景色的设置

Photoshop使用前景色绘图、填充和描边选区，使用背景色进行渐变和填充图像中的被擦除的区域。工具箱的前景色与背景色的设置按钮在工具箱中，如图2-24所示。

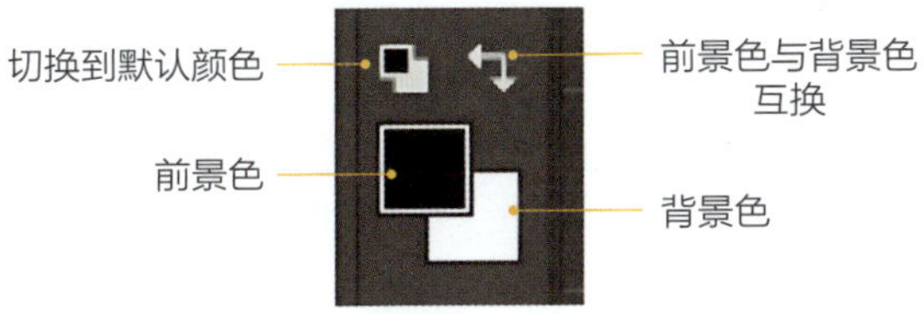

图2-24　设置前景色与背景色

用鼠标单击前景色或背景色颜色框，即可打开“拾色器”对话框，如图2-25所示。在左侧的颜色色块中任意点击，或者在右侧对话框中输入其中一种颜色模式的数值，均可得到所需的颜色。

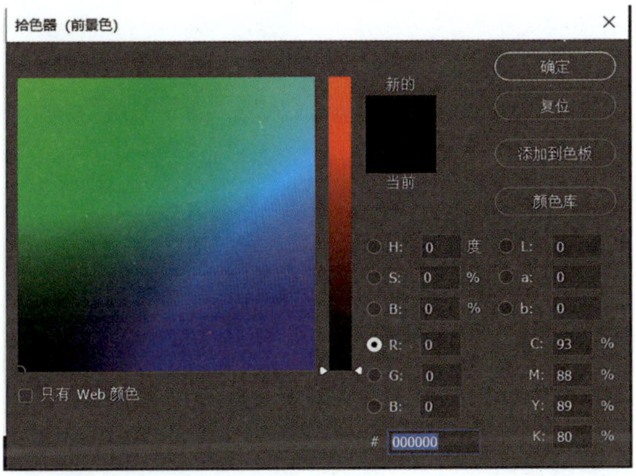

图2-25　拾色器

选择工具箱中的“吸管工具”，然后在需要的颜色上单击即可将该颜色设置为当前的前景色。如图2-26所示。

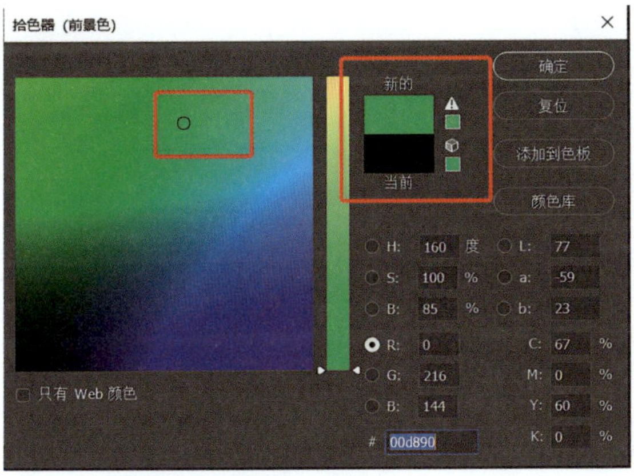

图2-26　拾色器中使用吸管工具效果

四、标尺的设置

标尺可以帮助设计者准确地定位图像或元素的位置，添加参考线。选择“视图”|“标尺”命令，或按Ctrl+R键，可以在图像文件窗口的顶部和左侧分别显示水平和垂直标尺。此时移动光标，标尺内的标记会显示光标的精确位置。默认情况下，标尺的原点位于文档窗口的左上角。修改原点的位置，可从图像上的特定位置开始测量。如图2-27所示。

图2-27　标尺工具

五、参考线的设置

参考线是显示在图像文件上方的不会被打印出来的线条，可以帮助用户定位图像对象。创建的参考线可以移动和删除，也可以将其锁定。

六、网格的设置

默认情况下，网格显示为不可打印的线条或网点。网格对于对称布置图像和图形的绘制都十分有用。选择“视图”－“显示”－“网格”命令，或按快捷键Ctrl+可以在当前打开的文件窗口中显示网格。

第五节　选框工具组

选框工具组包括矩形选框工具、椭圆选框工具、单行选框工具和单列选框工具，它们适用于创建规则选区。

一、矩形选框工具

矩形选框工具用于创建矩形和正方形选区。按住Shift键并拖动鼠标，可以绘制以按下鼠标左键位置为起点的正方形选区；按住Alt键并拖动鼠标，可以绘制以按下鼠标左键位置为中心的矩形选区，如图2-28所示。按住Alt+Shift组合键并拖动鼠标，可以绘制正方形，如图2-29所示。

图2-28 矩形框选（1）

图2-29 矩形框选（2）

矩形框选工具选项栏如图2-30所示。各选项的含义如下。

羽化：用于设置选区的羽化范围。

样式：用于设置选区的创建方法。选择“正常”选项，可以通过拖动鼠标创建任意大小的选区；选择“固定比例”选项，可以在右侧的“宽度”和“高度”文本框中输入数值，创建固定比例的选区；选择“固定大小”选项，可以在“宽度”和“高度”文本框中输入选区的宽度和高度值，只需在画面中单击，即可创建固定大小的选区。

调整边缘：单击该按钮，可以打开“调整边缘”对话框，进行选区平滑、羽化等。

二、椭圆选框工具

选择椭圆选框工具用于创建椭圆和圆形选区。按住Shift键拖动鼠标，可以绘制以按下鼠标左键位置为起点的圆形选区；按住Alt键拖动鼠标光标，可以绘制以按下鼠标左键位置为中心的椭圆选区，如图2-31所示；按住Alt+Shift组合键拖动鼠标，可以绘制以按下鼠标左键区位置为中心的圆形选区，如图2-32所示。

图2-31 椭圆选框

图2-32 正圆选框

图2-33中，椭圆选框工具与矩形选框工具的选项完全相同，只是该工具可以使用“消除锯齿”功能。在工具选项栏中选中“消除锯齿”复选框后，Photoshop会在被选中的选区边缘以一个像素宽的范围内，添加与周围相近的颜色，使选区看上去很光滑，如图2-34所示。这项功能在剪切、复制和粘贴选区以合成图像时非常有用。

图2-30 矩形框选工具选项栏

图2-33 椭圆选框工具选项栏

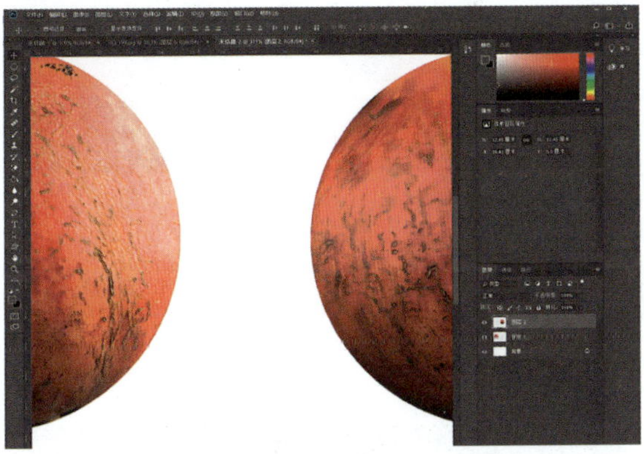

图2-34 左边未消除锯齿与右边消除锯齿放大效果对比

图2-35 套索工具绘制选取

三、单行与单列选框工具

选择单行与单列选框工具，将会执行对图片一个像素选择的操作。

第六节 套索工具组

套索工具组包括：套索工具、多边形套索工具、磁性套索工具，适用于创建不规则选区。

一、套索工具

套索工具是一种使用灵活、形状自由的选区绘制工具。在图像轮廓边缘任意位置按下多边形鼠标左键设置绘制的起点，拖动鼠标到任意位置后释放鼠标左键，即可创建出形状自由的选区。在图像轮廓边缘任意位置单击，设置绘制的起点，移动鼠标到合适的位置，再次单击，设置转折点，直到鼠标与最初设置的起点重合（此时鼠标的下面多了一个小圆圈）。然后在重合点上单击，即可创建出选区，如图2-35所示。

按住Shift键，可以控制在水平、垂直、45°倍数的方向绘制，按住Delete键或者Backspace键可以逐步撤销已绘制的线段。

在使用多边形套索工具时，按住Alt键并拖动鼠标，可以切换为套索工具，放开Alt键可以恢复为多边形套索工具。

二、磁性套索工具

磁性套索工具可以自动识别对象的边界，如果对象边缘较为清晰，并且与背景对比明显，可以使用该工具选择对象。

在图像边缘单击，设置绘制的起点，然后沿图像的边缘移动鼠标，选区会自动吸附在图像中对比最强烈的边缘。如果选区的边缘没有吸附在想要的图像边缘，可以通过单击添加一个紧固点来确定要吸附的位置，再移动鼠标，直到光标与最初设置的起点重合。然后单击即可创建出选区，如图2-36和图2-37所示。

磁性套索工具选项栏如图2-38所示。各选项的含义如下。

宽度：该值决定了以光标中心为基准，其周围有多少像素能够被工具检测到。如果对象的边缘清晰，可以使用一个较大的宽度值；如果边缘不是特别清晰，则要使用一个较小的宽度值。

对比度：用来设置工具感应图像边缘的灵敏

图2-36　多边套索工具

图2-37　磁性套索工具选取

图2-38　磁性套索工具选项栏

度。较高的数值，只检测于它们周围容差值对比鲜明的边缘，较低的数值则检测低对比度边缘。如果图像的边缘清晰，可以将该值设置得高一些；如果边缘不是特别清晰，则应设置得低一些。

频率： 在使用磁性套索工具创建选区的过程中会生成许多锚点，频率决定了锚点的数量。该值越高，生成的锚点越多，捕捉到的边界越准确，但过多的锚点使得选区的边缘不够光滑。

钢笔压力： 如果计算机配置有压感笔，可以按下该按钮，Photoshop会根据压感笔的压力自动调整工具的检测范围，增大压力将导致边缘宽度减小。

图2-39　魔棒工具点击白色背景，相近的白色背景会同时被选中

第七节　魔棒工具

魔棒工具主要用于选择图像中面积较大的单色区域或相近的颜色区域。其使用方法非常简单，只需在要选择的颜色范围内单击，即可将图像中与光标落点相同或相近的颜色全部选中，如图2-39所示。

魔棒工具选项栏（见图2-40）中各选项的含义如下。

容差： 用来设置系统选择颜色的范围，即选区允许的颜色容差值。该数值的范围是0~255。容差值越大，相应的选区也越大；容差值越小，相应的选区也越小，如图2-41所示。

连续： 选中该复选框，则只选择颜色连接的区域；取消选中该复选框，则可以选择与鼠标单击点颜色相近的区域，包括没有连接的区域。

图2-41　由左到右容差数值依次为30、60、100

图2-40　魔棒工具选项栏

第八节　选区的基本操作

一、全选与反选

执行“选择”“全部”命令，或按Ctrl+A组合键，可以选择当前文档边界内的全部图像，如图2-42所示；如果需要复制整个图像，可以先执行该命令，再按Ctrl+C组合键进行复制。

图2-42　全选

创建选区之后，执行“选择”“反向”命令，或按Shift+Ctrl+I组合键反向选择选区，即选择图像中未被选中的部分，如图2-43和图2-44所示。

图2-43　初始选取

图2-44　反选

二、取消选择与重新选择

创建选区后，执行“选择”“取消选择”命令，或按Ctrl+D组合键，可以取消选择。如果要恢复被取消的选区，可以执行“选择”“重新选择”命令。

三、选区的运算

如果图像中已经创建了选区，结合使用选区运算按钮以及选框工具、套索工具和魔棒工具，可以使当前选区与新创建的选区进行运算，生成所需要的选区。例如，原始选区如图2-45所示，使用不同的选区运算按钮可以完成如下效果。

图2-45　原始选区

（1）**新建选区**：按下该按钮后，新创建的选区会替换掉原有的选区。

（2）**添加到选区**：按下该按钮后，可以在原有选区的基础上添加新的选区，如图2-46所示。

（3）**从选区中减去**：按下该按钮后，可以在原有选区的基础上减去新创建的选区，如图2-47所示。

图2-46　添加到选区

图2-47　从选取中减去

（4）与选区交叉： 按下该按钮后，新建选区时只保留原有选区与新创建的选区相交的部分，如图2-48所示。

图2-48　选取交叉

本章总结

本章讲解了图形图像处理理论基础、Photoshop的工作界面、文件操作、基础辅助功能、选框工具、套索工具、魔棒工具、选区的调整，如何建立规则选区的工具及方法，建立任意选区的工具方法及掌握快速建立选区的操作方法。

通过本章的介绍，读者能够对图像进行基础编辑、抠图操作，能够使用魔棒工具、选框工具，能够制作基本的图形图像效果，具备基础的图像处理能力。

课后作业

制作账号头像“萌虎”

习题知识要点：使用“套索工具”和“框选”工具制作账号头像

（1）执行“新建”按钮，选择“自定”，更改宽度尺寸为300，高度尺寸为300，勾选掉“画板”，点击“创建”，如图2-49所示。

（2）打开中国结素材，双击“背景图层”，弹出的图层弹框，选择确定，将背景层设置为0图层，执行魔棒工具，将所有白色区域选中，按Delete键删除选中的白色部分，如图2-50所示。完成最中国结的抠图操作。结合移动工具自由变换工具调整中国结图形大小和位置，最终效果如图2-51所示。

（3）打开萌虎素材，执行“移动”拖住中国结图像不松手，拖至萌虎窗口，如图2-52所示。

（4）执行“文件”，储存。输入文件名称，选择保存类型为JPG格式，即完成制作，如图2-53所示。

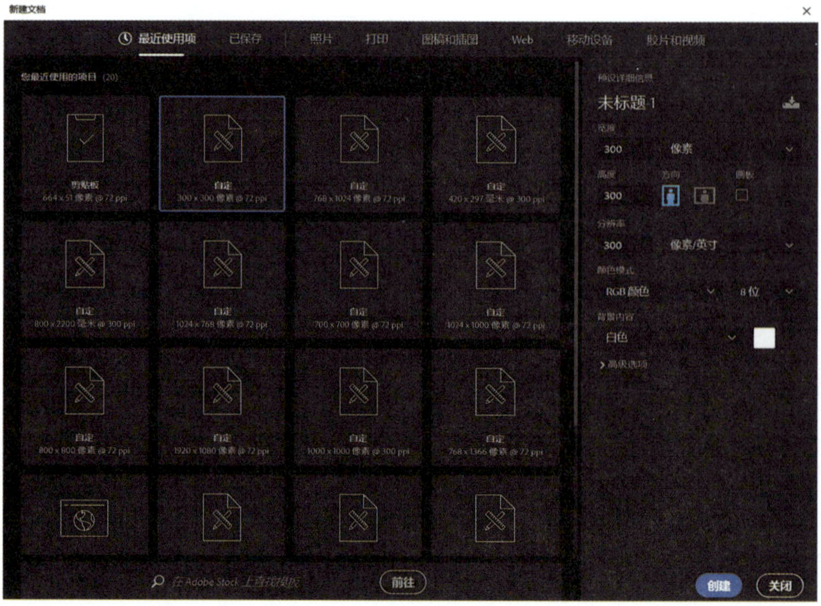

图2-49　新建文档

图2-50　中国结构图

图2-52　萌虎与中国结位置调整

图2-51　中国结位置比例调整

图2-53　萌虎社交账号

思考拓展

制作交通信号灯

案例知识要点：使用“框选”工具组制作圆形灯，使用“前景色”和“背景色”调整信号灯色相，执行填充指令，使用移动工具调整圆形灯位置。最终效果如图2-54所示。

图2-54　交通信号灯

课程资源链接

课件、拓展资料

第三章 图像的绘制、修饰与编辑

本章主要介绍绘制、修饰和编辑图像的方法和制图技巧。读者可以通过“画笔”工具、“铅笔”工具、“渐变”工具和“油漆桶”工具绘制出丰富多彩的图像效果，使用“修复工具组”修饰有缺陷的图像，使用“移动”和“裁剪”工具完成图像的编辑和调整。

知识目标

（1）掌握画笔、铅笔、渐变等工具。

（2）掌握移动、裁剪、修复等工具。

能力目标

（1）掌握绘制图像的方法和技巧。

（2）掌握修饰图像的方法和技巧。

（3）掌握编辑图像的方法和技巧。

第一节　绘制图像

一、“画笔”工具

1. 画笔工具选项栏

画笔工具是图像处理过程中使用较频繁的绘制工具，常用来绘制边缘较为柔软的线条。其效果类似于毛笔画出的线条，也可以绘制特殊形状的线条效果。选择“工具箱”中的“画笔”工具，其选项栏如图3-1所示。

画笔工具选项栏中各选项的含义如下。

画笔笔尖： 单击画笔笔尖下拉按钮，会弹出画笔笔尖面板，可以选择画笔笔尖的形状，更改笔尖大小以及硬度，如图3-2所示。

大小： 此文本框用于设置画笔笔尖直径，数值范围为1~2500像素。

硬度： 数值范围为0%~100%。硬度为100%时，画笔称为硬边画笔，这类画笔绘制的线条不具有柔和的边缘；硬度为0%时，画笔称为软画笔，这类画笔绘制的线条具有柔和的边缘。

模式： 模式是指将当前图层与位于其下方的图层进行混合，从而产生另外一种图像显示效果。

不透明度： 不透明度决定内容显示的程度，当不透明度为100%时，填充的内容完全显示：当不透明度为0%时，填充的内容完全隐藏。

流量： 标移区域上方时应用颜色的率流量值越小，透明度越大；流量值越大，透明度越小。

2. 画笔设置

在“画笔”工具选项栏中单击画笔“设置”按钮，会弹出“画笔”面板，通过设置其中的选项可以自定义画笔笔尖。画笔笔尖决定了画笔笔迹的形状、直径和其他特性。“画笔”面板如图3-3所示。

（1）画笔笔尖形状。在“画笔笔尖形状”选项设置界面中，“翻转X”复选框用于改变画笔笔尖在其X轴上的方向，“翻转Y”复选框用于改变画笔笔尖在其Y轴上的方向。“角度”文本框用于指定椭圆画笔的长轴从水平方向旋转的角度，可以直接输入度数，或者在预览框中拖移水平轴。“圆度”文本框用于指定画笔短轴和长轴的比率，可以直接输入百分比值，或者在预览框中拖移箭头。

（2）形状动态。如果要编辑形状动态的相关参数，可以选中“形状动态”复选框，并打开“形状动态”选项设置界面，如图3-4所示。

“形状动态”选项设置界面中各选项的含义如下。

大小抖动： 在此文本框中指定描边中画笔笔迹大小的改变方式。大小抖动的数值越大，抖动的效果就越明显，笔刷圆点间的大小反差就越大。如果

图3-1 “画笔”工具

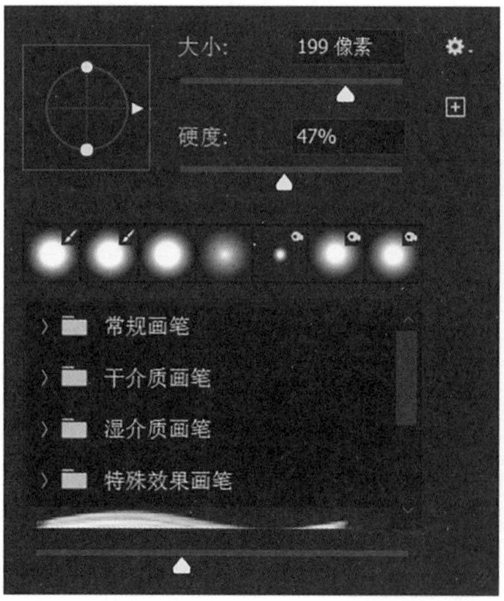

图3-2 画笔笔尖形状

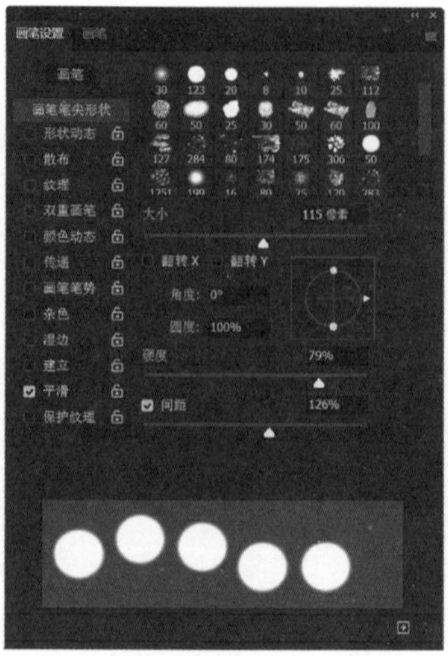
图3-3 画笔设置面板

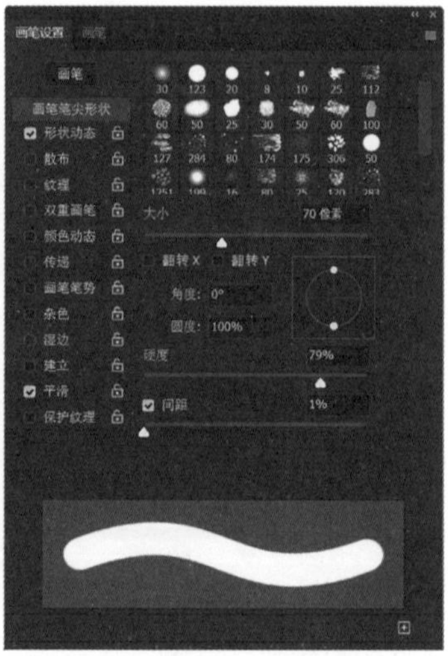
图3-4 画笔形状动态设置界面

是0%，则元素在描边路线中不变；如果是100%，则元素具有最大数量的随机性。

控制：在此下拉列表框中指定如何控制画笔笔迹的大小变化。选择“关”选项，表示不控制画笔笔迹的大小变化；选择“渐隐”选项，表示可以按照指定数量的步长在初始直径和最小直径之间渐隐画笔笔迹的大小，指的是从大到小，或从多到少的变化过程，是一种状态的过渡；选择“钢笔压力”“钢笔斜度”或“光笔论”选项，则可以基于钢笔压力、钢笔斜度或钢笔拇指轮位置，在初始直径和最小直径之间改变画笔笔迹的大小。

角度抖动：在此文本框中指定描边中画笔笔迹角度的改变方式。

圆度抖动：在此文本框中指定描边中画笔笔迹圆度的改变方式。

例如，选择直径为30px的硬笔刷，在“画笔”面板中设置“间距”为135%，在“形状动态”选项设置界面中设置“大小抖动”为80%，拖动笔刷，效果如图3-5所示。

（3）散布。“散布”选项用于确定描边中笔迹的数目和位置。单击“散布”选项，打开“散布”选项卡，如图3-6所示。

“散布”选项设置界面中各选项的含义如下。

散布：在此文本框中指定画笔笔迹在描边中的分布方式，数值越大，散布范围越广。

两轴：选中该复选框时，画笔笔迹按径向分布；取消选中该复选框时，画笔笔迹垂直于描边路径分布。

数量：在此文本框中指定在每个间距间隔应用的画笔笔迹数量。

数量抖动：在此文本框中指定画笔笔迹的数量如何针对各种间距间隔而变化。

例如，选择306号笔尖形状，大小设置为89px，新建画布，拖动鼠标产生散布、形状动态与颜色动态效果，如图3-7所示。

（4）纹理。“纹理”选项用于为画笔的笔迹加上图案效果。

（5）双重画笔。“双重画笔”选项用于使用两个笔尖创建画笔笔迹，使绘制的笔触效果更加丰富多彩。

（6）颜色动态。“颜色动态”选项用于确定画笔笔迹颜色的变化方式，可以绘制出丰富的色彩图像。“颜色动态”选项设置界面如图3-8所示。

“颜色动态”选项设置界面中各选项的含义如下。

前景／背景抖动：在此文本框中指定前景色和背景色之间的色彩变化方式。

色相抖动：指定画笔笔迹中色相可以改变的百分比。较低的值会在改变色相的同时保持接近前景色的色相，较高的值会增大色相间的差异。

饱和度抖动：指定画笔笔迹中颜色饱和度可以改变的百分比。较低的值会在改变饱和度的同时保持接近前景色的饱和度，较高的值会增大饱和度级别之间的差异。

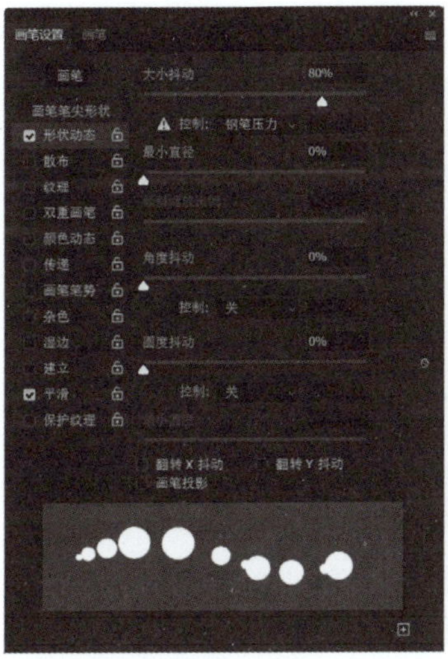

图3-5 “画笔”面板

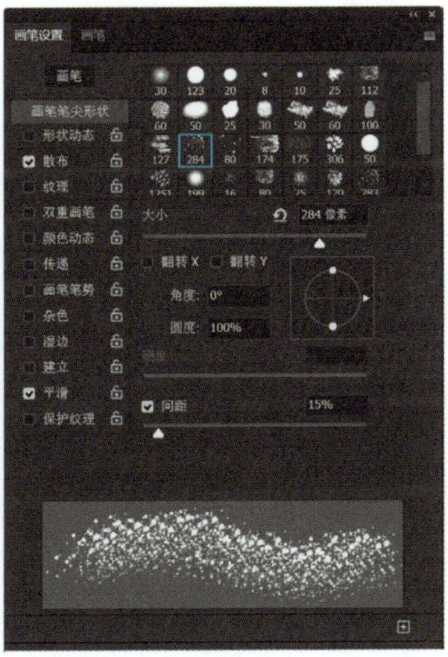

图3-6 “散布”界面

图3-7 “散布”选项卡

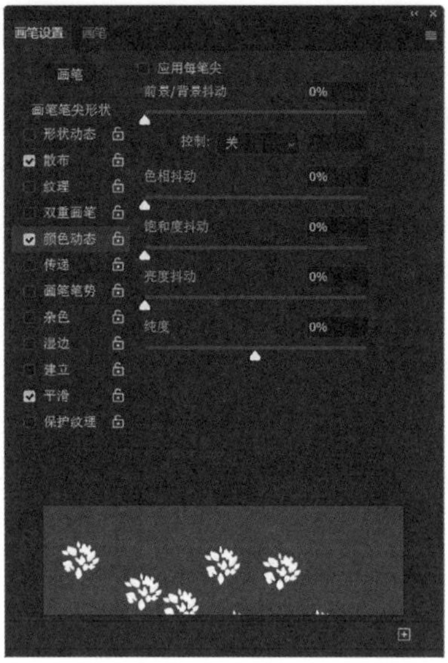

图3-8 “颜色动态”选项面板

亮度抖动：指定画笔笔迹中颜色亮度可以改变的百分比。较低的值会在改变亮度的同时保持接近前景色的亮度，较高的值会增大亮度级别之间的差异。

纯度：增大或减小颜色的饱和度。合法数值为介于-100和100之间的百分比值。如果该值为-100，则颜色将完全去色；如果该值为100，则颜色将完全饱和。

（7）传递。“传递”选项用于设定画笔笔迹中颜色不透明度与流量如何变化。

（8）杂色。“杂色”选项用于在笔刷的边缘产生杂边，也就是毛刺的效果。杂色没有数值调整，它和笔刷的硬度有关，硬度越小，杂边效果越明显；而硬度大的笔刷，杂边效果不明显。

（9）湿边。“湿边”选项用于将笔刷的边缘颜色加深，看起来就如同水彩笔的效果一样。

（10）喷枪。“喷枪”选项是一种随着停留时间延长，逐渐增加色彩浓度的画笔使用方式。

（11）平滑。“平滑”选项用于让鼠标在快速移动中也能够绘制较为平滑的线段。

（12）保护纹理。“保护纹理”选项用于将相同的图样套用到所有拥有纹理的笔刷预设集。在使用多个纹理笔尖绘画时，选择该选项，可以模拟一致的版面纹理。

灵活运用画笔笔尖形状的设定及画笔设置选项，多次变换笔尖大小、形状、颜色，结合形状动态等设置，可以制作出丰富的特殊效果。

3. 自定义画笔

使用选区工具，在图像中创建要作为画笔的选区，画笔形状的大小最大可达2500像素x2500像素。执行“编辑”“定义画笔预设”命令，在弹出的“画笔名称”对话框中单击“确定”按钮，即可定义画笔预设。

二、“铅笔”工具

铅笔工具常用来画一些棱角突出的线条，如同平常使用铅笔绘制的图形一样。铅笔工具的选项栏与画笔工具基本相同，但多了一个“自动抹除”复选框。当“自动抹除”复选框被选中后，铅笔工具即可实现擦除功能，也就是说，在与前景色颜色相同的图像区域中绘图时，会自动擦除前景色而填入背景色。

三、“渐变”工具

1. 渐变工具选项栏

使用渐变工具可以创建出多种颜色间的逐渐混合，产生逐渐变化的色彩。有选区时，渐变工具在选区内填充颜色；否则，渐变填充将应用于整个图层。

在工具箱中选择渐变工具，其选项栏如图3-9所示。

渐变工具选项栏中各选项的含义如下。

颜色框：颜色框显示当前的渐变色和渐变类型。单击其右侧的“下拉”按钮，可以弹出更多渐变缩略图，在其中可以选择一种渐变颜色进行填充。单击“渐变”菜单按钮，在弹出的菜单中可以选择载入其他渐变选项；Photoshop也允许用户自定义渐变图案。

渐变样式：渐变工具共有5种渐变类型，分别是“线性渐变”“径向渐变”“角度渐变”“对称渐变”以及“菱形渐变”。这5种渐变类型可以完成5种不同的渐变填充效果，其中默认的是“线性渐变”。5种渐变样式的填充效果如图3-10所示。

反向：选中该选项，渐变颜色将与设置好的颜色顺序相反。

图3-9 “渐变”工具选项栏

图3-10 五种渐变样式填充效果

2. 自定义渐变

（1）渐变编辑器。单击渐变工具选项栏中的颜色框，会弹出“渐变编辑器”对话框，如图3-11所示。

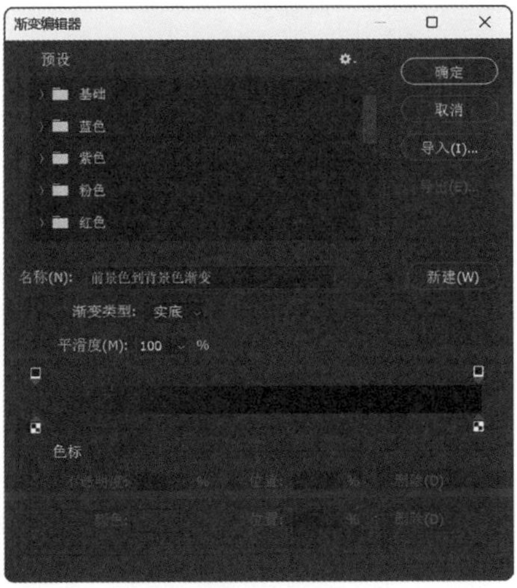

图3-11 “渐变编辑器”对话框

“渐变编辑器”对话框中各选项的含义如下。

预设：在此处显示当前状态下所有渐变样式缩略图。

名称：在此文本框中显示选中渐变缩略图的文字名称。

不透明度色标：单击“不透明度色标”，“色标”选项组可用，可以设置色标的位置和不透明度。在起点与终点不透明度色标间的位置单击，可以添加不透明度色标。选中不透明度色标后单击“删除”按钮，可以删除不透明度色标。

颜色色标：单击颜色色标，“色标”选项组可用，可以设置色标显示的前景色和位置。

在起点与终点颜色色标间的位置单击，可以添加颜色色标。选中颜色色标后单击“删除”按钮，可以删除颜色色标。

（2）应用及保存自定义渐变。在颜色条中添加色标完成设置后，单击“确定”按钮，即可使用当前设置的渐变颜色。如果要保存当前的渐变颜色，可以单击“新建”按钮，渐变颜色缩略图将添加到预设面板中。

四、“油漆桶”工具

使用油漆桶工具，可以在图像中填充颜色或图案，它的填充范围是与鼠标单击处像素相同或相近的像素点。

在工具箱中选择油漆桶工具，其选项栏如图3-12所示。

油漆桶工具选项栏中各选项的含义如下。

填充类型：默认的填充类型为“前景”，可以在图像中填充前景色；选择“图案”选项，此时右侧的“图案”下拉列表框被激活，可以打开图案预设面板，选择填充的图案。

模式：模式是指将当前图层与位于其下方的图层进行混合，从而产生另外一种图像显示效果，项目三中将详细介绍不同模式的作用。

不透明度：不透明度决定内容显示的程度，当

图3-12 “油漆桶”工具栏

不透明度为100%时，填充的内容完全显示；当不透明度为0%时，填充的内容完全隐藏。

容差：容差用于定义一个颜色相似度（相对于用户所单击的像素），一个像素必须达到此颜色相似度才会被填充。容差值的范围可以从0到255，低容差会填充颜色值范围内与所单击像素非常相似的像素，容差值越大，填充的范围就越大。

消除锯齿：选中该复选框，可以平滑填充选区的边缘。

连续的：选中该复选框，可以填充与所单击像素邻近的像素；取消选中该选项，则填充图像中的所有相似像素。

1. 填充前景色

在“拾色器”对话框中设置前景色，单击鼠标，即可使用油漆桶工具在图像或选区中填充颜色。

2. 填充图案

在填充类型下拉列表框中选择“图案”选项，此时右侧的“图案”下拉列表框被激活，单击其中的下拉按钮，会弹出图案预设面板，如图3-13所示。

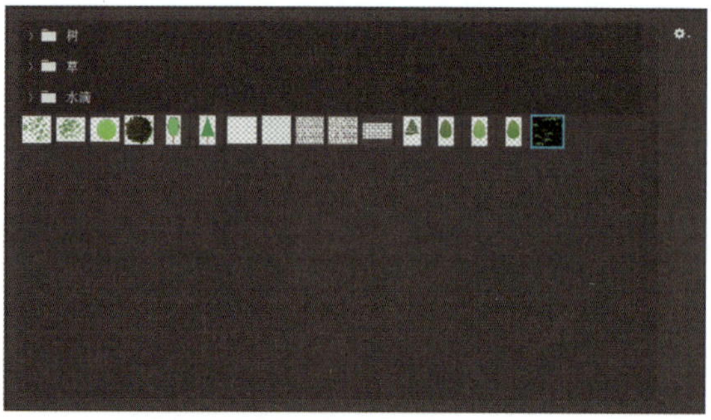

图3-13　图案预设面板

单击面板中的“填充菜单”按钮，在弹出的菜单中，可以选择载入其他图案选项，Photoshop也允许用户自定义图案。

3. 自定义图案

执行“编辑”“定义图案”命令，可以自定义图案。在图像中，使用矩形选框工具绘制选区，将要定义的图像选中，然后执行“编辑”“定义图案”命令，可以自定义图案。在使用矩形选框工具时，羽化值必须设定为零。例如，利用如图3-14所示的“花朵.jpg”素材文件，结合“图像大小”命令与“定义图案”命令，就可以定义图案，然后填充背景，效果如图3-14所示。

图3-14　填充背景效果示意图

五、任务实践

（1）执行“新建”按钮，选择“WEB”最小尺寸，更改宽度尺寸为1000，高度尺寸为500，勾选掉“画板”，点击“创建”，如图3-15所示。

（2）鼠标右键点击“背景图层”按钮，弹出新建图层对话框，点击“确定”，将原图层由背景层更改为0图层，如图3-16所示。选择0图层，点击Alt+Delete执行前景色填充图层，如图3-17所示。

（3）点击“视图”按钮 / 标尺，沿着水平、竖直方向做中点的辅助线，点击“确定”，新建图层，在新图层上使用椭圆工具绘制椭圆，点击Ctrl+Delete执行背景色填充，如图3-18所示。

（4）新建图层，使用椭圆工具绘制椭圆，点击Alt+Delete前景色填充黑色，再使用移动工具将黑色椭圆移动至白色椭圆上，利用位置交错，叠加出月亮的形状。再同时选择黑色椭圆和白色椭圆的图层，点击鼠标右键，选择“合并图层”，将图层进行整理，如图3-19所示。

（5）执行“移动工具”调整“月牙”位置，向重心线靠近。再次新建图层，选择矩形工具按住Alt键沿着中心绘制矩形，矩形的大小根据月牙的大小来判断，Ctrl+Delete执行背景色填充白色。再次新建图层，选择椭圆工具沿着矩形中点绘制椭圆，再次Ctrl+Delete执行背景色填充白色，执行“移动”工具，选择椭圆按住Alt，向右边复制一个。再将矩形图层和椭圆图层合并。点击合并的图层，右键复制图层。执行“移动工具”，向下移动，如图3-20所示。

（6）新建图层，执行“椭圆工具”，同时按住

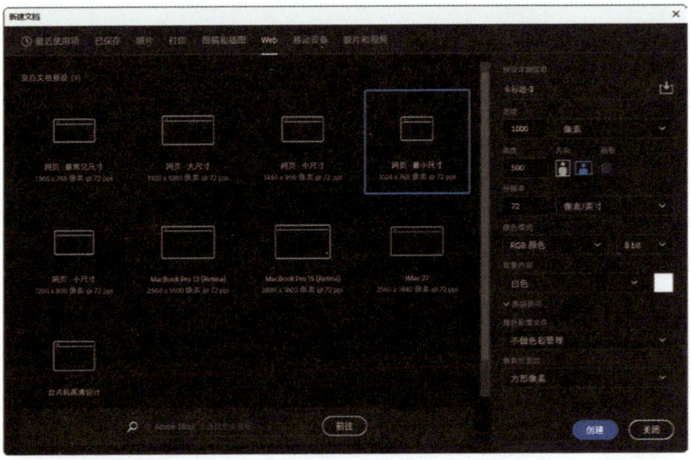

图3-15　创建文件

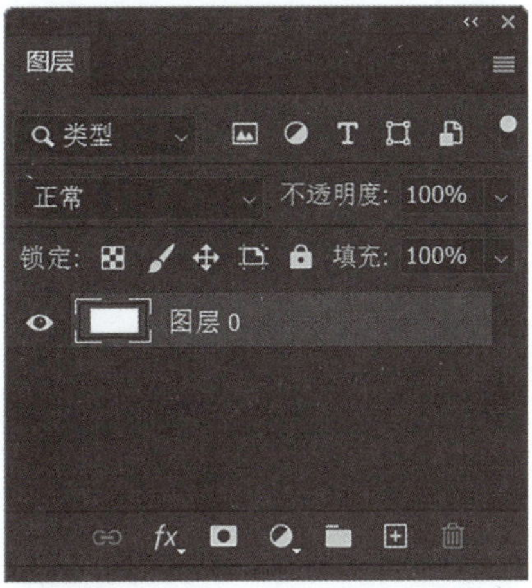

图3-16　选择图层

图3-17　前景色填充效果

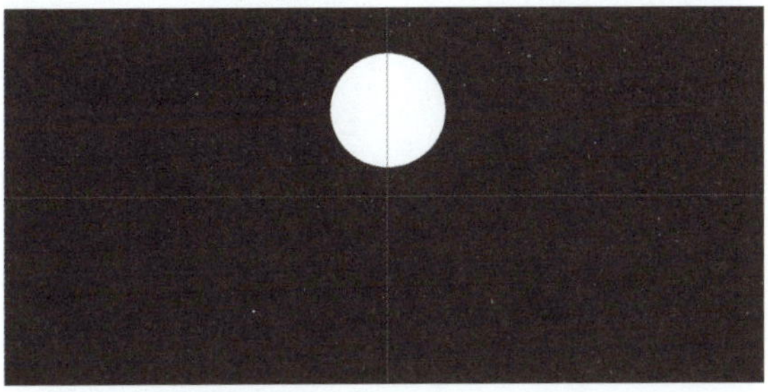

图3-18　背景色填充效果

图3-19　合并图层

图3-20　案例效果（1）

Alt+Shift键绘制正圆。选择矩形工具，框选住正圆的一部分，点击Delete键删除部分。调整“月牙”大小，如图3-21所示。

图3-21　案例效果（2）

（7）保存文件。点击“文件”选择“储存为”，填写文件名，文件类型选择JPG格式，即可完成。

第二节　修饰图像

一、修复工具组

在拍摄照片后，很多图像中的元素都会有一些瑕疵，这就需要使用一些修复工具对图像进行处理。Photoshop为用户提供了一组专门用于修复图像缺陷的工具，分别是污点修复工具、修复画笔工具、修补工具、内容感知移动工具和红眼工具，使用这些工具能够方便快捷地修复照片中的瑕疵。

使用污点修复画笔工具可以消除图像中的污点和某个对象。污点修复画笔工具不需要指定基准点，它能自动从所修饰区域的周围进行像素的取样。如图3-22所示。

图3-22　污点修复画笔工具

修复画笔工具可以通过图像或图形中的样本像素来绘画。它还可将样本像素的纹理、光照、透明度和阴影与所修复的像素进行匹配，从而使修复后的像素自然地融入图形图像中。

使用修补工具可以利用样本或图案来修复所选图像区域中不理想的部分，该工具是通过复制功能对图像进行处理。使用修补工具必须要建立选区，在选区范围内修补图像，如图3-23所示。

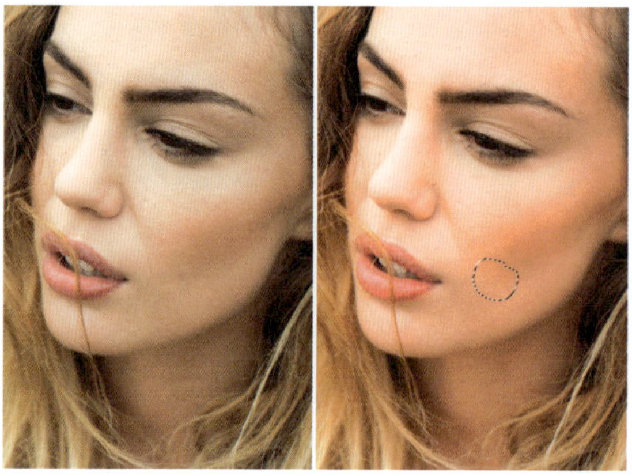

图3-23　修补工具

使用内容感知移动工具可以创建选区，并通过移动选区，将选区中的图像进行复制，而原图像则被扩展或与背景图像自然地融合。内容感知移动工具的属性栏与修补工具属性栏相似，使用方法也相似。

使用红眼工具可以移去使用闪光灯拍摄的任务照片中的红眼效果，还可以移去动物照片中的白色或绿色反光，但它对“位图”“索引颜色”“多通道”颜色模式的图像并不起作用。如图3-24所示。

图3-24　红眼工具

二、模糊锐化涂抹工具

模糊工具是Photoshop里一个非常实用的绘图工具，常用于远近事物的效果处理，使之更具有距离感和真实感，也可使用模糊工具处理图片的视觉效果，得到调节图像视觉中心的效果。如图3-25所示。

图3-25　模糊工具

锐化工具在视图上单击或涂抹，会使涂抹处的像素的对比增大。“锐化工具”和“模糊工具”在一定程度上可以理解为两个相对的工具，模糊的图像可以经过锐化变得清晰，而清晰的图像可以经过模糊得到模糊的效果。如图3-26所示。

涂抹工具是在图像上拖动颜色，使颜色在图像上产生位移，感觉是涂抹的效果，其选项和前两个工具相同，多了一个手指绘画，其作用是可以在一

图3-26　锐化工具

个空的图层上，根据其他图层的颜色来产生一个涂抹的效果。调整其强度，产生的效果也不一样，也有强弱之分。如图3-27所示。

图3-27　涂抹工具

三、减淡加深工具

“减淡工具”与“加深工具”是相对使用的两个工具。使用“减淡工具”在视图上单击或涂抹，在单击或涂抹处的像素亮度加大；使用加深工具在视图上单击或涂抹，再单击涂抹出的像素亮度减少。如图3-28所示。

图3-28　减淡加深工具

四、“橡皮擦”工具

1. 橡皮擦工具

橡皮擦工具用于擦除图像颜色，并在擦除的位置上填入背景色，如果擦除的内容是透明的图层，那么擦除后会变为透明。使用橡皮擦工具时，可以在“画笔”面板中设置不透明度、渐隐和湿边。

2. 背景橡皮擦工具

背景橡皮擦工具与橡皮擦工具一样，也用来擦除图像中的颜色，但两者有所不同，即背景橡皮擦工具在擦除颜色后不会填上背景色，而是将擦除的内容变为透明。如果所擦余的图层是背景层，那么使用背景橡皮擦工具擦除后，会自动将背景层变为不透明的层。

3. 魔术橡皮擦工具

魔术橡皮擦工具与橡皮擦工具的功能一样，可以用来擦除图像中的颜色。该工具可以擦除一定容差度内的相邻颜色，擦除后会变为透明图层。

第三节　编辑图像

一、“移动”工具

移动工具 用于移动图层中的整个画面或图层内由选框工具控制的区域。当选择“移动工具”后，“移动工具”的选项栏将会显示在菜单栏的下方，如图3-29所示。

选择“自动选择”复选框后，单击画布中的图像，图像便会自动被选择，否则需要通过单击“图层”面板中的相应图层，图像才会被选中。通过边框的矩形框可对图像进行大小调整、旋转等操作。选择“显示变换控件”复选框后，单击画布中的图像，便会在图像的四周出现黑色并带有矩形框的边框，如图3-30所示。利用“显示变换控件”后面的工具可对多个图形进行对齐、排列等操作。操作结束后，单击选项栏中的 按钮，或者双击该图片，即可确认此次操作。

二、“裁剪”工具

裁剪工具 用来裁剪图像的大小。选择“裁剪工具”后，“裁剪工具”的选项栏，如图3-31所示。

图3-29　移动工具选项栏

图3-31　裁剪工具选项栏

图3-30　显示变换

“宽x高x分辨率”分别为裁剪后图像的实际宽度、高度和分辨率，这三项可根据实际需要进行设置。默认情况下，裁剪区域自动显示为整个图像的编辑区域。

要调整裁剪区域的尺寸，可首先将光标定位在裁剪区域，拖动光标；或者将光标移至四周的控制点上，待光标变为或形状后，拖动光标即可。在裁剪区域的中心有一个⟡标记，该标记称为“旋转支点”，即用户在旋转裁剪区域时将围绕该点来进行。要移动旋转支点，可首先将光标移至支点附近，待光标变为形状后拖动光标即可；要旋转裁剪区域可首先将光标定位在裁剪区域外侧，待光标形状变为后拖动光标即可，如图3-32所示旋转到位后，按Enter键确认。

图3-32　图像裁剪

三、选区中图像的变换

在操作过程中，我们可以根据设计和制作需要，变换已经绘制好的选区。在图像中绘制选区后，选择“编辑-自由变换-变换”命令，可以对图像的选区进行各种变换。“变换”命令的下拉菜单及对应的效果如图3-33所示。

使用工具对选区进行变换的方法是，在图像中绘制选区，按Ctrl+T组合键，选区周围出现控制手柄，拖曳控制手柄，可以对图像选区进行等比例的缩放。按住Shift键的同时，拖曳控制手柄，可以自由缩放图像选区。按住Ctrl键的同时，任意拖曳交换的4个控制手柄，可以使图像斜切变形。按住Alt的同时，任意拖曳变换的4个控制手可以使图像对称变形。按住Shift+Ctrl组合键拖曳变换框中间的控制手柄，可以使图像任意变形。按住Alt+Ctrl组合键，任意拖曳变换框的4个控制手柄，可以使图像透视变形。按Shift+Ctrl+T组合键，可以再次应用上一次使用过的变换命令。如果在变换后仍要保留原图像的内容，可以按Alt+Ctrl+T组合键，选区周围出现控制手柄，向选区外拖曳选区中的图像，会复制出新的图像，原图像的内容将被保留。

本章总结

本章主要介绍图像的绘制、修饰和编辑的技巧，在基本技能的介绍中穿插的几个实操任务。在整个学习过程中，读者可以快速地掌握绘制工具组的使用，可以轻松自如地绘制图像。利用修饰图像的工具完成对图像的修复和矫正。使用“移动”“裁剪”“图像变换”等命令完成图像的调整。

课后作业

杂志内页展示效果制作

杂志和画册书页设计在生活中会经常遇到，本案例是为已设计好的书页做一个展示效果。具体操作步骤如下。

（1）在Photoshop中打开“书页”图片，并双击“图层”面板中素材所在的背景图层，在弹出的对话框中单击“确定”，将素材的背景图层转化为“普通”图层。

（2）执行“文件-置入”命令，将“风景”素材图片

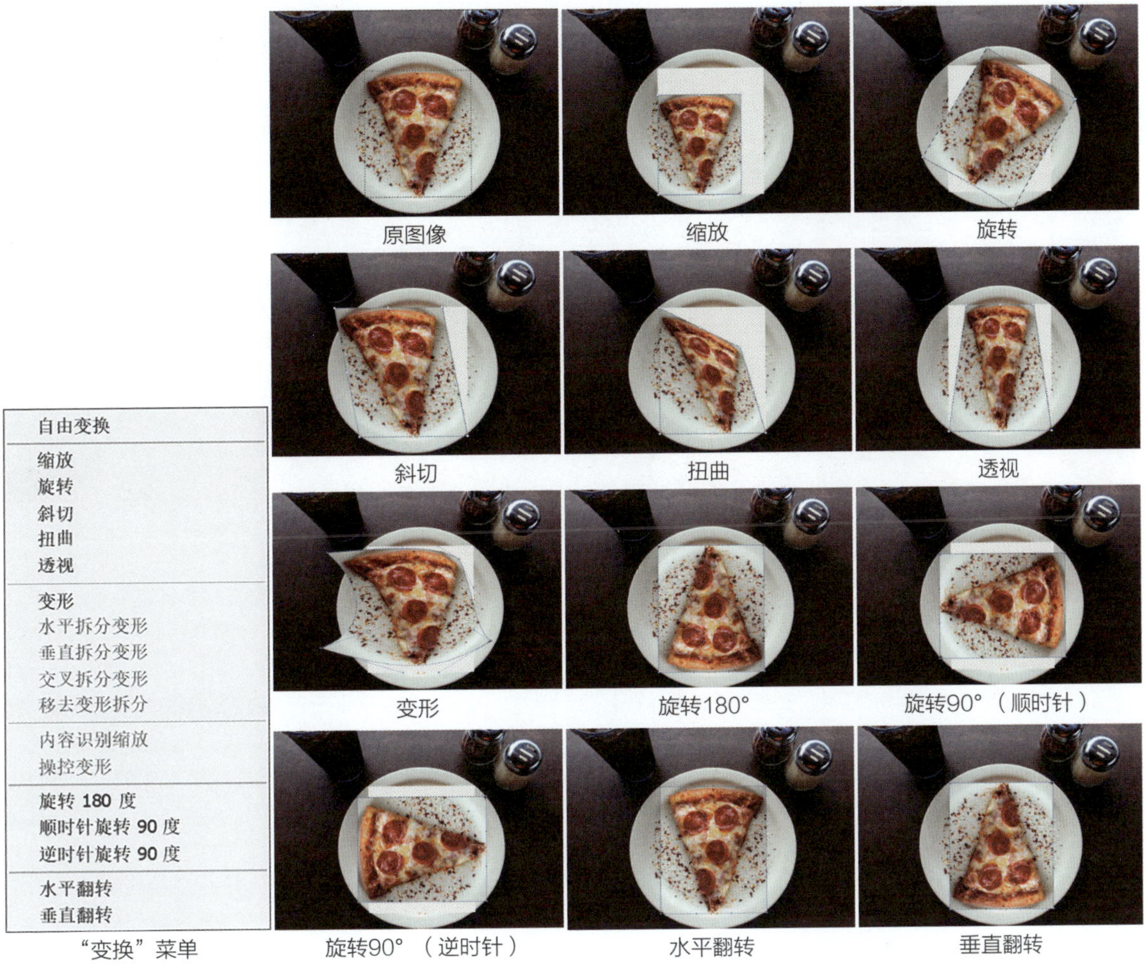

图3-33　图像变换效果

置入到画布中，在图层面板中右击“风景”图层，在弹出的快捷菜单中选择“栅格化图层”命令，将该图层变为普通图层。

（3）使用“移动工具”选择“风景”图片，执行“编辑-自由变换”命令对图像角度进行调整，如图3-34所示。在未确认此次操作之前单击选项栏右侧的“在自由变换和变形模式下切换”按钮（或者执行“编辑-变换-变形”命令），使图像处于变形模式，以便调整图像的形状。

（4）使用移动工具移动图像的4个角，以及每个角上的手柄，以调整图像的形状，使其形状大致符合画册整体页面的形状，双击图片确认此次操作。

（5）单击“图层”面板中的“风景”图层前面的眼睛图标，使之消失，让风景图层隐藏起来，并选择“书页”所在的图层，使之处于蓝色的选中状态。

（6）选择“磁性套索工具”，设置羽化效果为0像素，沿着书页的形状建立闭合选区，如图3-35所示。在使用套索工具时，可在无法自动精确建立固定点的位置手动单击建立固定点。

（7）单击“图层”面板中的“风景”图层前面的眼睛图标，使之显示出来，并选该图层，使之处于选中的蓝色状态，如图3-36所示。

图3-34　图像角度变换

（8）执行“选择-反选”命令，对书页素材图层进行反选，并按Delete键将选区内的图像删除，效果如图3-37所示。

图3-35　建立闭合选区

图3-36　选择图层

图3-37　选区反选

（9）按Ctrl+D组合键取消选区。在“图层”面板中设置图层混合模式，为“正片叠底”，使图像与背景图层的书页混合在一起，如图3-38所示。

（10）书页的效果已合成完毕，需要加一些装饰以起到更好的宣传效果。在Photoshop打开“海鸥”素材文件，使用“魔棒工具”选择海鸥的背景部分，执行“选择-反向”命令（快捷键为<Ctrl+Shift+I>）反选选中海鸥素材，并拖动到本案的文件中。利用自由调整工具调整大小，将其摆放到合适的位置，如图3-39所示。

（11）在Photoshop中打开“文字”素材，双击文字所在的图层，并确定将其转化为普通图层。执行“选择-色彩范围”命令，在弹出的对话框中设置“颜色容差”为63，并用“吸管”工具吸取画布中的白色，如图3-40所示，单击“确定”按钮。

（12）执行“选择-反选”命令，在文字的周围建立选区，使用“移动工具”选择文字并拖动到案例文件中，使用自由变换工具调整其角度，并把它放到书页的右下角位置，如图3-41所示。

（13）接下来新建一个图层，绘制一个印章效果。利用矩形选框工具绘制一个矩形选区，将其填充为深红色。取消选区，利用橡皮擦工具将其擦成印章形状，并调整其角度及大小，摆放到文字的下方。利用文字工具添加黑体白色文字“百川”，利用自由变换工具调整其角度及大小，并放置在红色印章的上方，最终的效果如图3-42所示。

思考拓展

火柴人效果制作

通过本项目的拓展练习，熟练掌握操控命令。在素材

图3-38　改变图层混合模式

图3-39　加入其他素材

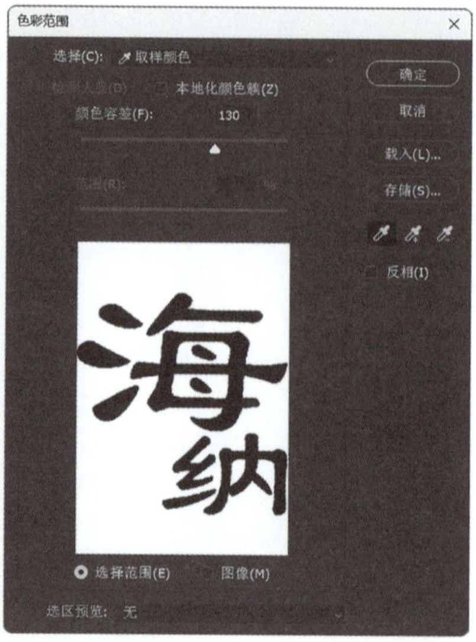

图3-40　选择工具

图3-41　加入文字素材

图3-42　杂志内页展示效果

文件中打开“火柴人”素材，执行“编辑—操控变形”命令，在火柴人关节处设置图钉，移动图钉制作不同动势的火柴人形象，如图3-43所示。

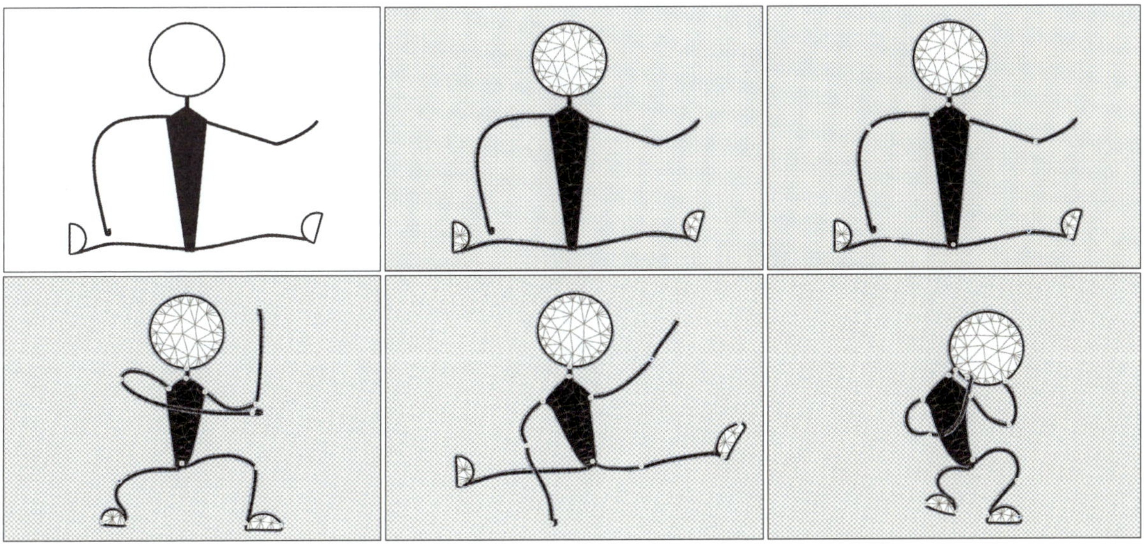

图3-43　火柴人效果制作图

课程资源链接

课件、拓展资料

第四章 路径与图形的绘制

本章主要介绍路径与图形的绘制方法和应用技巧。通过本章的学习，读者可以快速绘制出所需路径，并对路径进行修改和编辑；还可应用绘图工具绘制出图形，以提高图像制作的质量和效率。

知识目标

（1）了解路径的概念。

（2）掌握绘制图形图像的思路。

能力目标

（1）掌握“钢笔”工具的使用。

（2）掌握编辑路径的方法和技巧。

（3）能够基本使用绘图工具绘图。

第一节　路径工具

Photoshop以编辑和处理图像闻名，其中就包括矢量图形的编辑与处理。路径工具就是一种用来绘制矢量图形的工具，主要用于选择图像区域、辅助抠图、绘制平滑精细图形、转换选区等。

路径的概念

路径是基于贝塞尔曲线来建立矢量图形的。与路径相关的概念有锚点、直线点、曲线点、直线段、曲线段、端点，如图4-1所示。

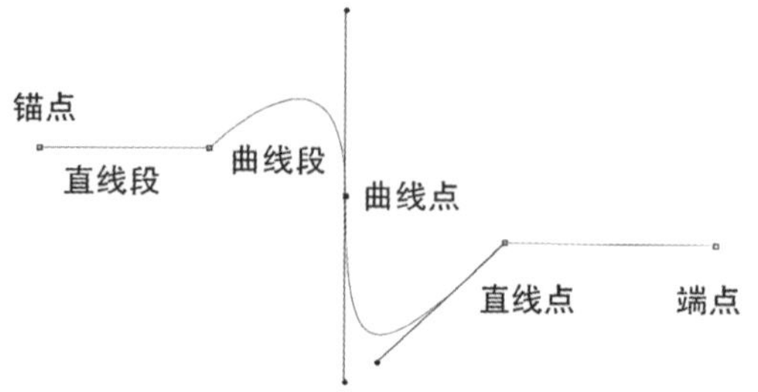

图4-1　钢笔工具绘制的路径

路径：由一个或多个直线段和曲线段组成。

锚点：是路径中两段线段的交点，路径是由锚点组成的。

直线段：用钢笔工具在画布中单击两点，将创建一段直线段。

曲线段：拖曳曲线点可以创建一段曲线段。

曲线点：带有两个调节手柄的锚点，是两条曲线段之间的连接点，调节手柄可以改编曲线形状。

直线点：按住Alt键同时单击刚绘制的锚点，可以将锚点转变为直线点。直线点带有一个调节手柄，是一段直线段和一段曲线段的连接点。

端点：路径的结束点就是路径的端点。

第二节　钢笔工具

钢笔工具可以用来绘制各种路径，并可在绘制过程中对路径进行简单的编辑。

一、钢笔工具的选项

选择钢笔工具，其选项栏如图4-2所示。

与钢笔工具相配合的操作功能如下：

按住Shift键创建锚点，软件会自动以45°角及其倍数绘制路径。

按住Alt键，当钢笔工具移到锚点上时会变为转换点工具。

按住Ctrl键，钢笔工具会变为直接选择工具。

二、课堂案例——制作商品主页Banner广告

案例学习目标：学习路径的绘制和调整。

案例知识要点：使用钢笔工具绘制路径，转换选区，添加包包和文字以及阴影，最终效果如图4-3所示。

（1）按Ctrl+N组合键新建一个文件“冬季折扣”，宽度为1920像素，高度为560像素，分辨率为72像素／英寸，颜色模式为RGB。

（2）按Ctrl+O组合键打开素材文件“礼物堆”，如图4-4所示。选择钢笔工具，在属性栏的“选择工具模式”中选择“路径”，在图上绘制路径，可沿着物体外轮廓转折点处进行单击，如图4-5所示。

（3）将鼠标指针移动到路径上，钢笔工具会变成添加锚点工具，在路径上单击就能添加锚点。按住Ctrl键，钢笔工具则会变成直接选择工具，可以拖曳路径中的锚点来改变路径的弧度。

（4）重复以上方式来调整路径，使其更贴合物体形状。完成后按Ctrl+Enter组合键，将路径转为选区，如图4-6所示。

（5）选择移动工具，将选区中的图像拖曳到新建的“冬季折扣”文件画布中，图层重命名为“礼物堆”，并调整到合适大小，如图4-7所示。

（6）按Ctrl+O组合键打开素材文件“木纹板”，

图4-2　钢笔工具选项栏

并将其拖曳到“冬季折扣”文件画布中，图层重命名为“木纹板”，将其图层顺序调整到“礼物堆”的下方，并调整到合适位置，如图4-7所示。

（7）选中“礼物堆”图层，点击“图像-调整-曲线”，将画面调亮，如图4-8、图4-9所示。

图4-3 制作商品主页Banner广告

图4-4 打开素材“礼物堆”

图4-5 绘制路径

图4-6 转换为选区

（8）将“礼物堆”拖曳到“创建新图层”按钮上，复制出图层“礼物堆拷贝”。点击图层面板“礼物堆拷贝”图层左侧的缩略图，使整个图层内容被选中。设置前景色为黑色，按Alt+Delete组合键，使整个选区填充为黑色，如图4-10所示。

（9）按Ctrl+D组合键取消选区，点击“滤镜-模糊-高斯模糊”，半径10像素。点击“滤镜-模糊-动感模糊”，角度-45度，距离100像素，将“礼物堆拷贝”拖曳到“礼物堆”的下方，并将其向右下移动，做出投影效果，如图4-11所示。

（10）按Ctrl+O组合键，打开“冬季折扣文字”素材，将其拖曳到“冬季折扣”文件画布中合适的位置，最终效果如图4-12所示。

图4-7 打开素材“木纹板”

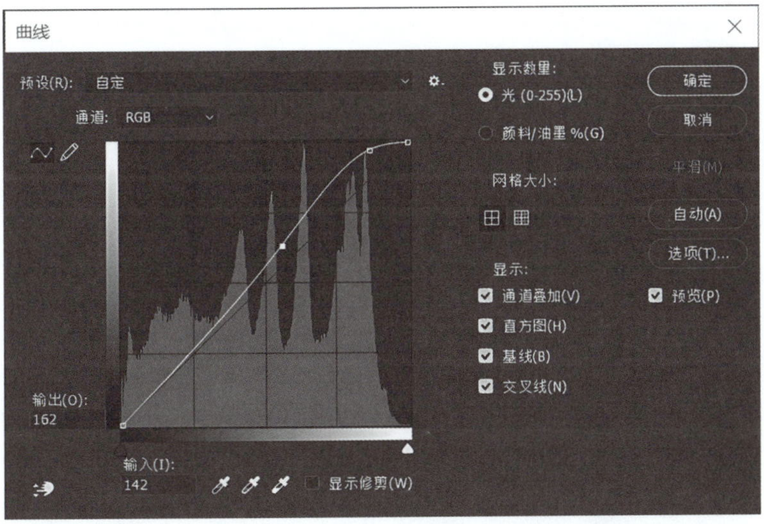

图4-8 调整曲线

图4-9　调整后效果

图4-10　填充黑色

图4-11　添加投影效果

图4-12　最终效果

三、绘制直线段

按Ctrl+O组合键打开素材文件“桌面”，选择钢笔工具，在属性栏“选择工具模式”选项中选择“路径”，绘制的就是路径；选择“形状”，则绘制的是形状，如图4-13所示。

用钢笔工具在画布中任意位置单击左键，就会创建一个锚点，移动鼠标再次单击，就会变成由两个锚点连接的直线段，如图4-14所示。再移动鼠标进行第三次单击，新建的直线段将会连接后两个锚点，如图4-15所示。

四、绘制曲线段

用钢笔工具在画布中任意位置单击左键并按住鼠标不放，拖动鼠标，再放开时将得到一个锚点并带着两个调节手柄，此时在画布中再单击一次，就可得到一条曲线段，如图4-16所示。

如果在第二次单击时按住鼠标不放，拖动再放开，则得到的曲线段两端锚点都带有调节手柄，如图4-17所示。

在画布中第三次单击时同样按住鼠标不放，拖动再放开，则可得到由两端曲线段连成的线段，如图4-18所示。

第三节　编辑路径

添加锚点工具，删除锚点工具，转换点工具，路径选择工具及直接选择工具，可以对路径进行修改编辑。

一、添加锚点工具

将钢笔工具移动到画布中已有的路径上，如果没有锚点，则钢笔工具会变成添加锚点工具，单击就可以添加锚点，如图4-19所示。也可以通过左侧钢笔工具的下拉栏选择添加锚点工具来完成添加锚点。

如果添加锚点时单击鼠标后不放开，并拖动鼠标向线段两侧移动，则可以得到有两根调节手柄的锚点，原有直线段也变成曲

图4-13　钢笔工具选项栏

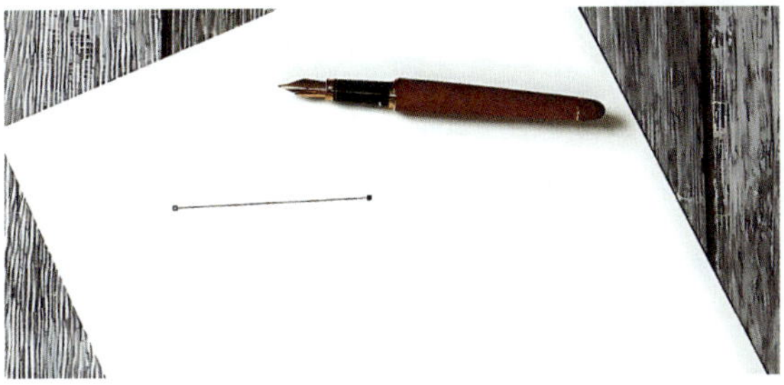

图4-14 绘制直线段

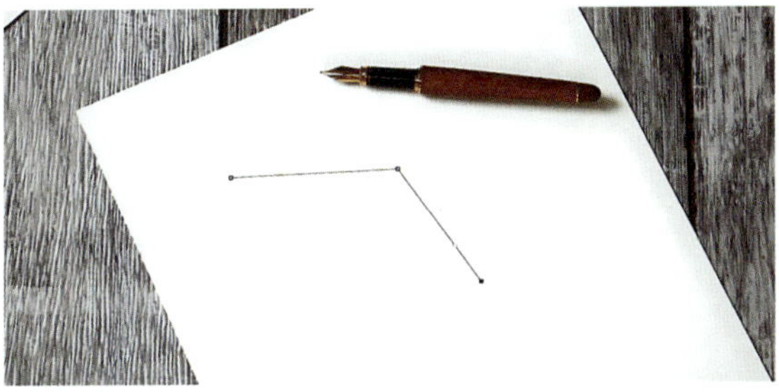

图4-15 绘制连续直线段

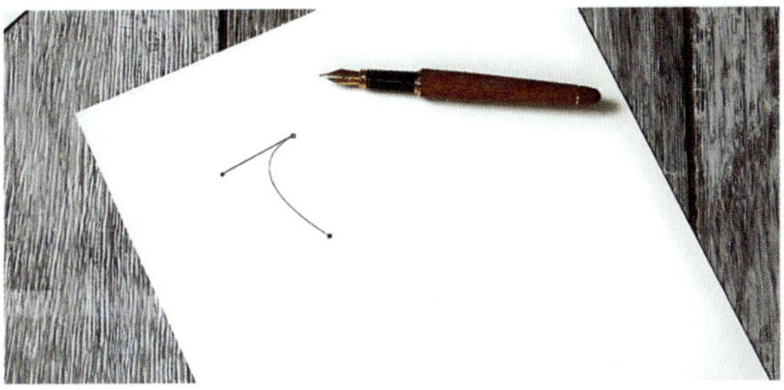

图4-16 绘制一端可调节曲线

图4-17 绘制两端可调节曲线

图4-18 绘制连续曲线段

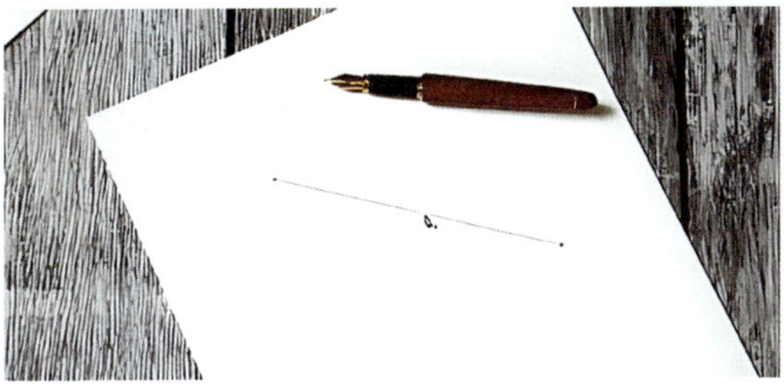

图4-19 添加锚点工具

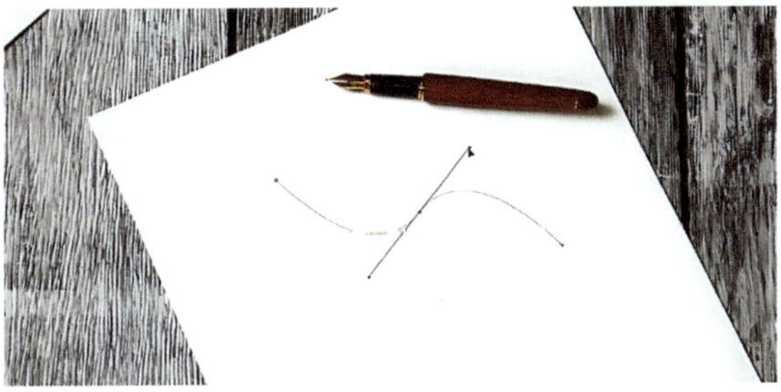

图4-20 拖动调节手柄

线段，如图4-20所示。

二、删除锚点工具

将钢笔工具移动到路径的锚点上，则钢笔工具会变成删除锚点工具，单击就可以删除锚点，如图4-21所示。

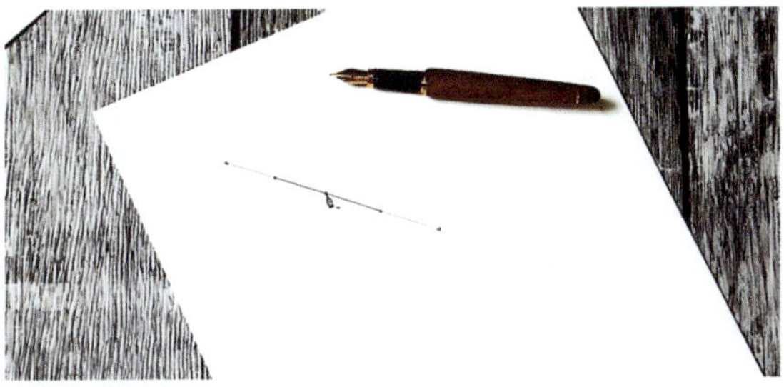

图4-21 删除锚点工具

三、转换点工具

使用转换点工具可将锚点转换成直线点或曲线点，并能通过拖曳锚点上的调节手柄来改变线的曲度。

先用钢笔工具绘制一个由三条直线段连接而成的三角形，如图4-22所示。

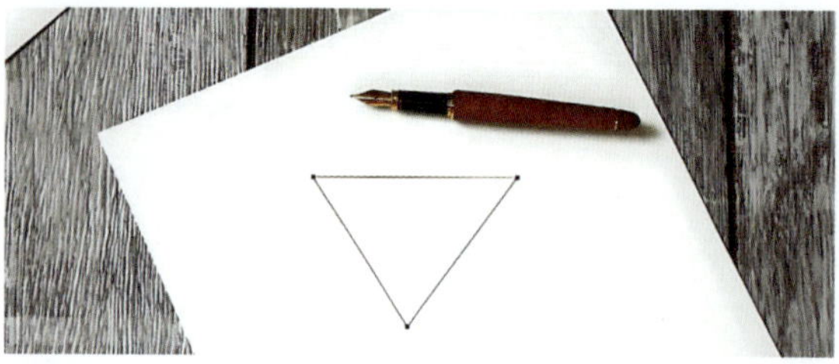

图4-22　绘制三角形

从左侧钢笔工具的下拉栏中选择转换点工具，也可以用鼠标靠近三角形的锚点并按下Alt键，光标会变为转换点工具。用转换点工具去拖动锚点，则原来锚点两侧的直线段会变成曲线段，依次调整三个锚点，使三角形逐步变成圆形，如图4-23~图4-25所示。

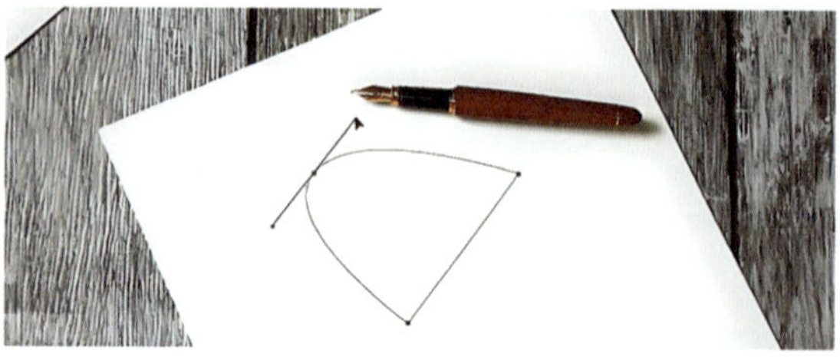

图4-23　转换第一个点

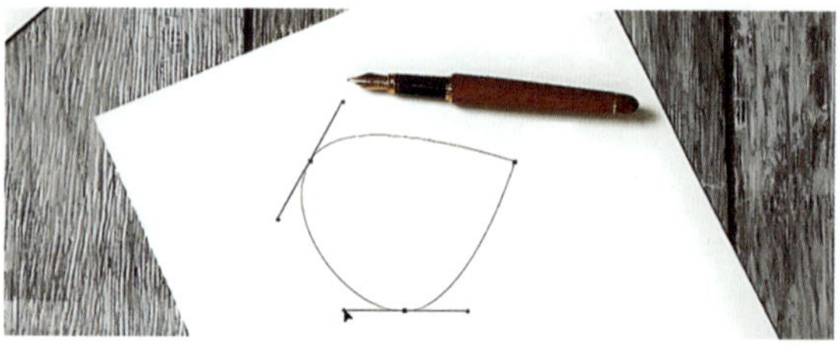

图4-24　转换第二个点

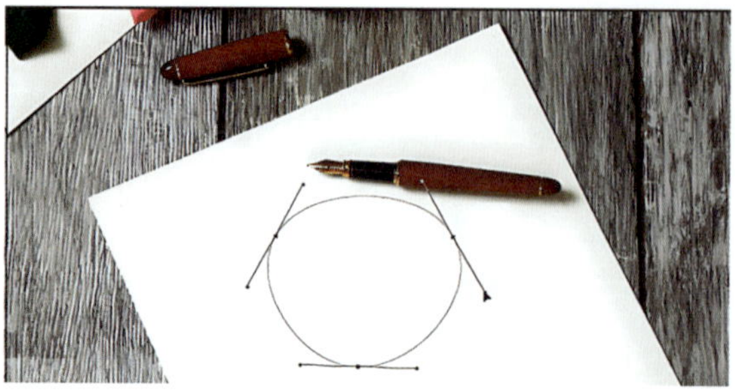

图4-25　转换第三个点

四、路径选择工具和直接选择工具

路径选择工具可以选择一个或多个路径，并对其进行移动、组合、对齐、分布和变形等操作，其属性栏如图4-26所示。

直接选择工具可以用于移动路径的锚点或线段，或者调节手柄和控制点。

第四节　绘图工具

绘图工具包括矩形工具、圆角矩形工具、椭圆工具、多边形工具、直线工具和自定形状工具。这些绘图工具可以用来绘制多样的图形。

课堂案例——绘制卡通形象

本案例是卡通形象的绘制，通过使用钢笔工具和绘图工具来绘制图形图像，完成效果如图4-27所示。

图4-27　绘制卡通形象

（1）按Ctrl+N组合键新建一个文件“卡通形象”，宽度为800像素，高度为650像素，分辨率为72像素／英寸，颜色模式为RGB。

（2）选择图层面板，单击“创建新图层”按钮，创建一个新空白图层“图层1”，接下来绘制卡通形象时每一部分都会对应到一个新图层，这样方便对各部分进行独立调整。

（3）选中“图层1”，选择椭圆工具，在其属性

图4-26　路径选择工具属性栏

栏选择“形状，颜色：肉色（C：2，M：23，Y：23，K：0），描边：黑色，3像素”，如图4-28所示。在画布中按住Shift键的同时拖动鼠标，可得到一个正圆形，“图层1”也变为“椭圆1”，如图4-29所示。

（4）继续使用椭圆工具在画布中画椭圆，可得到“椭圆2”，效果如图4-30所示。

（5）按Ctrl+T组合键可以任意调整“椭圆2”的位置和大小，使其倾斜一定角度，调整好在属性栏里选择打勾以提交变换，效果如图4-31所示。

（6）选择移动工具，按Alt键可复制并移动“椭圆2”，得到“椭圆2拷贝”，按Ctrl+T组合键调整“椭圆2 拷贝”的位置和大小，调整好之后提交变换，效果如图4-32所示。

（7）选中“椭圆2”和“椭圆2 拷贝”两个图层拖曳到底部“创建新图层”按钮上，可得到“椭圆2 拷贝2”和“椭圆2 拷贝3”，选择“编辑-变换-水平翻转”，并移到图像右侧，效果如图4-33所示。

（8）将“椭圆1”图层调整到顶层，效果如图4-34所示。

图4-28 椭圆工具属性栏

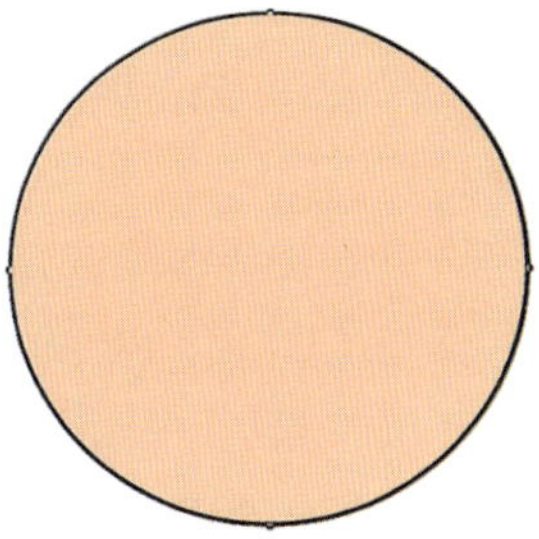

图4-29 绘制脸部

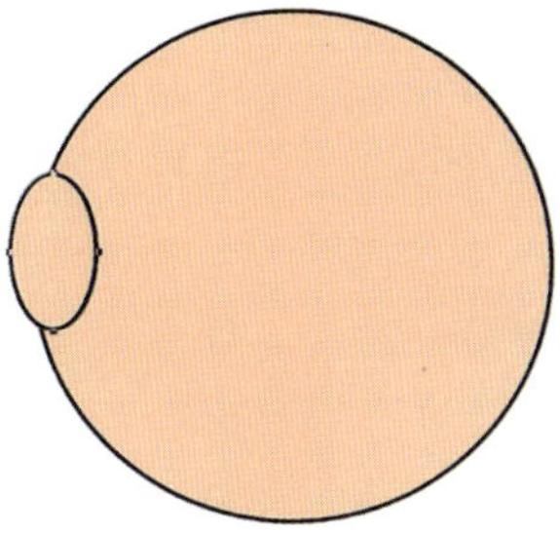

图4-30 绘制耳廓

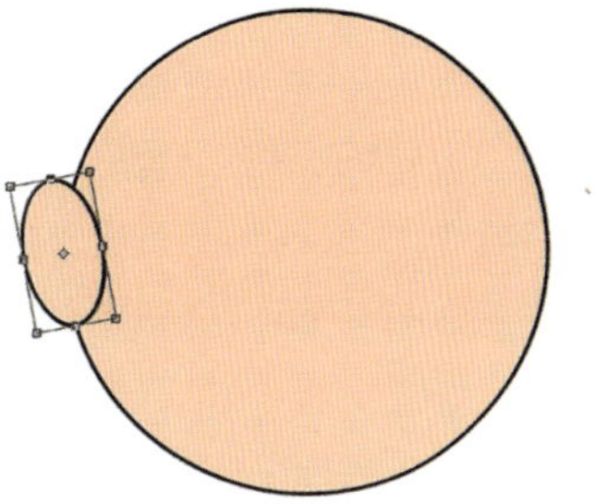

图4-31 旋转角度

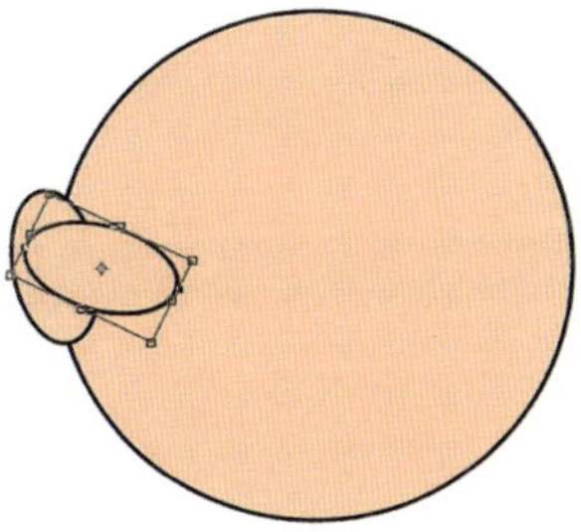

图4-32 复制耳廓并旋转

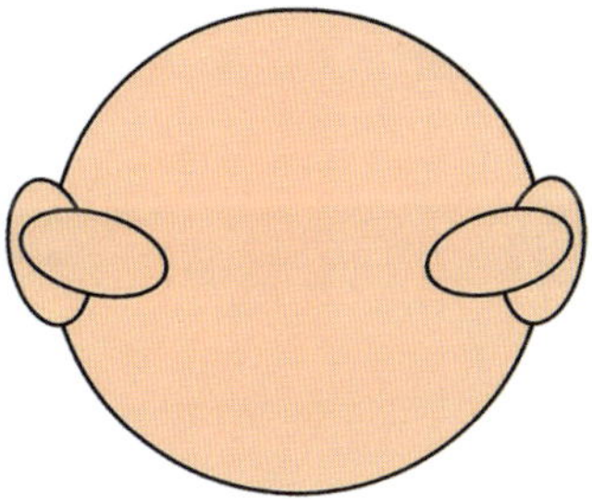

图4-33 复制耳朵部分

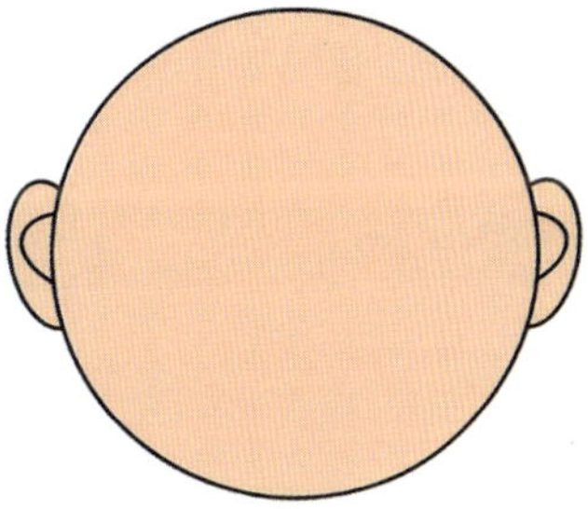

图4-34 调整图层顺序

（9）新建一个空白图层，选择椭圆工具，在其属性栏选择“形状，颜色：棕色（C：0，M：75，Y：100，K：60），描边：黑色，3像素”，如图4-35所示。

（10）使用椭圆工具，在图像上半部画“椭圆3”，选择转换点工具，点击“椭圆3”的锚点，并可通过按Ctrl键切换直接选择工具来调节“椭圆3”锚点的调节柄，以此来调整“椭圆3”的形状，调整后效果如图4-36所示。

（11）新建一个空白图层，选择椭圆工具，在其属性栏选择“形状，颜色：白色（C：0，M：0，Y：0，K：0），描边：黑色，3像素”，如图4-37所示。在画布中按住Shift键的同时拖动鼠标，可得到一个正圆形“椭圆4”。选择移动工具，按住

图4-35 椭圆工具属性栏

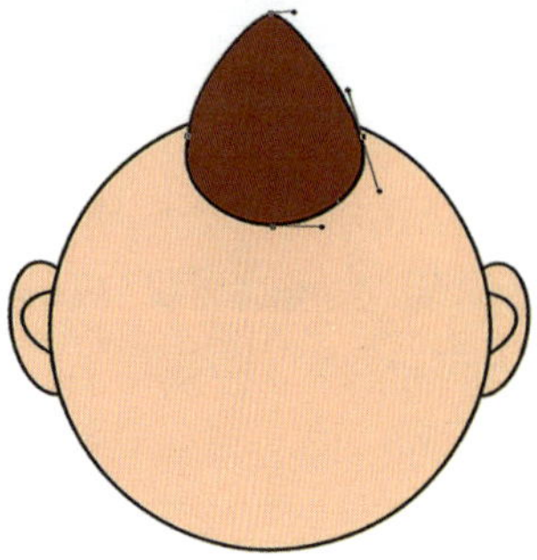

图4-36　绘制头发

Alt键复制“椭圆4”得到“椭圆4拷贝”，再加按住Shift键右移，效果如图4-38所示。

（12）新建一个空白图层，选择钢笔工具，可以先画出两个锚点连接的一条直线段，再在中间添加锚点，按下Ctrl键转换为直接选择工具，提升中间锚点的位置可得到弯曲的曲线，效果如图4-39所示。

（13）选择画笔工具，属性栏设置“硬边圆，大小3像素”。选择路径面板，在下方选择“用画笔描边路径”按钮，得到描边的路径，选择移动工具，按住Alt键复制这段曲线也就是“图层1”，得到“图层1 拷贝”，效果如图4-40所示。

（14）新建一个空白图层，选择椭圆工具，在其属性栏选择“形状，颜色：蓝色（C：88，M：58，Y：0，K：0），描边：黑色，3像素”，如图4-41所示。在画布中按住Shift键的同时拖动鼠标，可得到一个正圆形“椭圆4”。选择移动工具，按住Alt键复制“椭圆5”得到“椭圆5 拷贝”，再加按住Shift键右移，效果如图4-42所示。

（15）新建一个空白图层，选择椭圆工具，在其属性栏选择“形状，颜色：白色（C：0，M：0，Y：0，K：0），描边：黑色，3像素”，如图4-37所示。在画布中按住Shift键的同时拖动鼠标，可得到一个正圆形“椭圆6”。选择移动工具，按住Alt键复制“椭圆5”得到“椭圆6 拷贝”，再加按住Shift键右移，效果如图4-43所示。

（16）新建一个空白图层，选择钢笔工具，先画出两个锚点连接的一条直线段，再在中间添加锚点，按下Ctrl键转换为直接选择工具，提升中间锚点的位置得到弯曲的曲线。选择路径面板，在下方选择“用画笔描边路径”按钮，得到描边的路径，效果如图4-44所示。

（17）新建一个空白图层，选择钢笔工具，属性栏里选到“颜色：红色（C：0，M：80，Y：58，K：0），描边：黑色，3像素”，先画出由三个锚点连接的一个三角形，如图4-45所示。按下Alt键转换为转换点工具，通过拖拽将最下方的锚点转换为曲线，并在三角形上边中间添加锚点并下拉，使直线变为曲线，效果如图4-46所示。

图4-37　椭圆工具属性栏

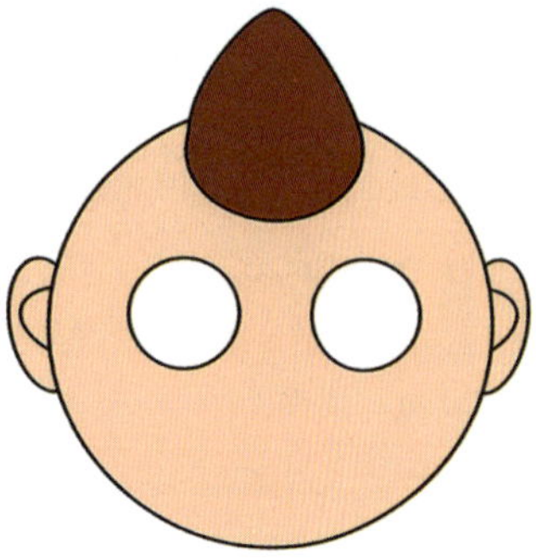

图4-38　绘制眼白

图4-39　绘制眉毛

图4-40　拷贝眉毛

图4-41　椭圆工具属性栏

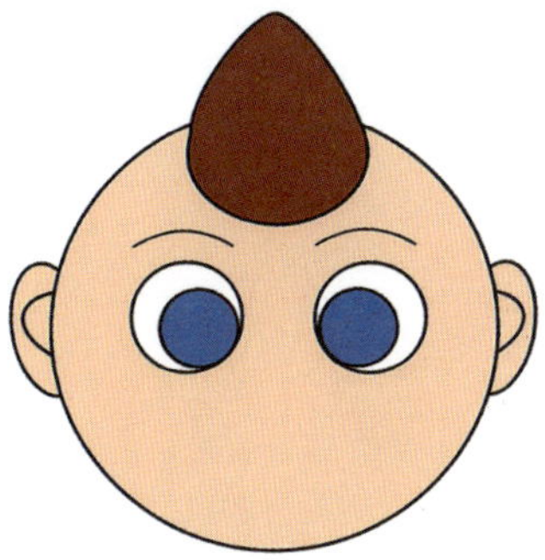

图4-42　绘制眼珠

图4-43　绘制眼睛高光

图4-44　绘制鼻子

图4-45　绘制嘴巴

图4-46　最终效果

本章总结

本章通过对路径工具的介绍和实际案例的演示来讲解路径相关的知识，读者通过学习能够使用路径工具进行抠图、绘制和编辑各种矢量图形的方法，并能够进行简单的图形图像绘制。

课后作业

绘制“开学季”主题宣传插图

使用钢笔工具和绘图工具绘制“开学季”主题宣传插图，尺寸为600×380像素，效果如图4-47所示。

图4-47　绘制“开学季”主题宣传插图

（1）按Ctrl+N组合键新建一个文件“开学季”，宽度为600像素，高度为380像素，分辨率为72像素／英寸，颜色模式为RGB。

（2）选择“背景”图层，单击“锁定全部”按钮解锁，使用“油漆桶工具”将“背景”图层填充为天蓝色（#00c6ff）。效果如图4-48所示。

图4-48　填充背景色

（3）选择图层面板，单击“创建新图层”按钮，创建一个新空白图层“图层1”，使用“矩形工具”，绘制一个位于底部的矩形，填充为棕色（#b28850），并将图层命名为“桌面”。接下来绘制的每一物体都会对应到一个新图层，这样方便对各部分进行独立调整。效果如图4-49所示。

图4-49　绘制桌面

（4）选择图层面板，单击“创建新图层”按钮，创建一个新空白图层“图层2”，使用“钢笔工具”，填充选为中绿色（#228201），描边选为无，绘制一个叶片。效果如图4-50所示。

图4-50　绘制上半张叶片

（5）选择“添加锚点工具”，在叶片上边缘，填充选为中绿色（#228201），描边选为无，绘制一个叶片。效果如图4-51所示。

（6）选择“添加锚点工具”，在叶片上缘添加三个锚点，并将中间的锚点往下移动，形成叶片缺口。效果如图4-52所示。

（7）重复添加并调整锚点的步骤，添加叶片缺口。效果如图4-53所示。

（8）新建一个空白图层，选择钢笔工具，填充选为深绿色（#00561f），按照之前步骤绘制下半张叶片。效果如图4-54所示。

（9）重复以上步骤绘制其他叶片。选中所有的叶片图层，按Ctrl+G组合键，建立文件夹，重命名为“叶子”，效果如图4-55所示。

（10）新建空白图层，选择矩形工具，在其属性栏选择“形状，颜色：深绿色（#006b69），描边：棕色（#81511c），10像素”，在合适的位置绘制黑板。效果如图4-56所示。

（11）新建空白图层，选择圆角矩形工具，在其属性栏选择“形状，颜色：深灰色（#434343），描边：浅灰色（#eeeeee），10像素”，在合适的位置绘制笔记本电脑屏幕。效果如图4-57所示。

（12）新建空白图层，选择圆角矩形工具，在合适的位置绘制笔记本电脑机身。选中笔记本屏幕和机身，按Ctrl+G组合键，建立文件夹，重命名为“电脑”。效果如图4-58所示。

（13）新建空白图层，选择圆角矩形工具，在其属性栏选择“形状，颜色：灰色（#7d7d7d），描边：无”，在合适的位置绘制相机机身。效果如图4-59所示。

（14）新建空白图层，选择椭圆工具，在其属性栏选择“形状，颜色：黑色，描边：浅灰色（#dcdcdc），3像素”，绘制相机镜头。效果如图4-60所示。

（15）新建空白图层，选择椭圆工具，在其属性栏选择“形状，颜色：白色，描边：无”，绘制镜头高光。新建空白图层，选择矩形工具，在其属性栏选择“形状，颜色：灰色（#959595），描边：无”，绘制相机快门键。选中相机的全部图层，按Ctrl+G组合键，建立文件夹，重命名为“相机”，效果如图4-61所示。

（16）新建空白图层，选择矩形工具，填充色分别为（#e60012，#3f5370，#f8b551），描边为无，绘制三本书籍，效果如图4-62所示。

图4-51　添加锚点

图4-52　下拉锚点

图4-53　重复步骤添加缺口

图4-54　绘制下半张叶片

图4-55　绘制其他叶片

图4-56　绘制黑板

图4-57　绘制电脑屏幕

图4-58　绘制电脑机身

图4-59　绘制相机机身

图4-60　绘制相机镜头

图4-61　绘制相机镜头高光和快门键

图4-62　绘制书本

（17）新建空白图层，选择矩形工具和椭圆工具，在其属性栏选择“形状，颜色：白色，描边：无”，绘制书籍装饰。选中书籍的全部图层，按Ctrl+G组合键，建立文件夹，重命名为“书”，效果如图4-63所示。

（18）选择文字工具，“80点，颜色：白色”，输入“开学季”，完成效果如图4-64所示。

图4-63　绘制书本装饰条

图4-64　最终效果

思考拓展

绘制海洋生物科普海报

使用钢笔工具以及路径编辑工具绘制海洋生物科普海报，效果如图4-65所示。

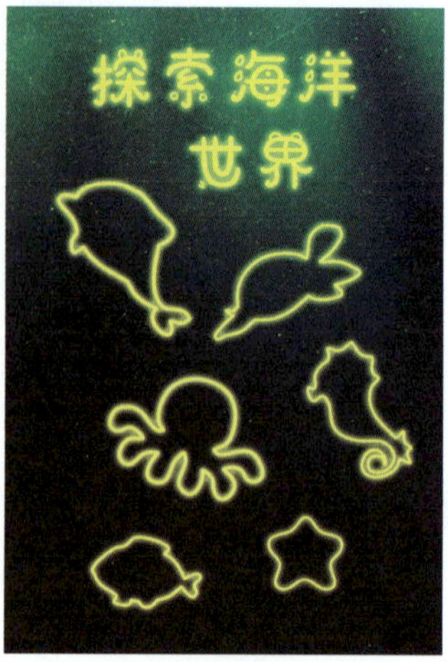

图4-65　绘制海洋生物科普海报

课程资源链接

课件、操作视频、思考拓展

第五章 色彩与色调的调整

本章主要介绍Photoshop中色彩与色调的调整方法。图像处理时，通常会利用颜色控制命令来对照片做调色和校色处理。熟练掌握图像色彩和色调的控制，才能对图像的效果做综合设置，从而完成高品质的作品。Photoshop设置了丰富的图像颜色控制命令，这些命令集中于主菜单中“图像”/“调整”。

知识目标

（1）掌握图像色彩调整层次的对比知识。

（2）理解饱和度、明度、色阶级、曲线等知识点。

（3）掌握更改图像局部色调的操作方法。

能力目标

（1）了解图形图像调色的方式方法。

（2）了解图像颜色的基本属性。

（3）掌握对图像进行特殊处理的正确方法。

（4）学会把握图片的色调、色温，培养审美素养。

第一节　调整图像的色调

设计工作者在工作中接触到的图片、海报、自拍照片往往会有需要调整色调的需求。调整色彩与色调是图像处理中的常用内容，Photoshop提供了丰富而强大的色彩与色调的调整功能。在图像编辑过程中，为了表现某种艺术感觉，经常需要将图像中的色调更改为另一种色调，比如暖色调改为冷色调，体现安静的氛围；蓝色调更改为绿色调，体现生机勃勃的感觉。本课通过对色调的调整来完成单色调怀旧照片的制作，如图5-1和图5-2所示。

图5-1　暖色调处理

图5-2　怀旧色调处理

颜色的基本属性

色相、饱和度和亮度这三个要素，共同构成人类视觉中完整的颜色表象。

1. 色相

色相指的是色的相貌，它可以包括很多色彩，光学中的三原色为红、蓝、绿，而在光谱中最基本的色相可分为红、橙、黄、绿、蓝、紫六种颜色。

2. 饱和度

饱和度指的是色彩的鲜艳程度，也称为纯度。从科学角度讲，一种颜色的鲜艳程度取决于这一色相反射光的单一程度。当一种颜色所含的色素越多，饱和度就越高，明度也会随之提高。

色相/饱和度编辑框如图5-3所示。依次调整色相、饱和度、明度的参数，图像的色相、饱和度、明度会随之更换。

不同的色相不仅明度不同，纯度也不相同。在所有色相中，红色的饱和度最高，蓝绿色的饱和度最低。任何一种色相加入白色时，明度虽有所提高，但纯度都会降低；若加入黑色时，色相的纯度和明度都会降低；当两种或两种以上的色相混合时，它们各自的纯度都会降低。如图5-4所示天空原图，图5-5是调整色相与饱和度后的效果。

3. 明度

指的是色彩的明暗程度或深浅程度。它是色彩中的骨骼，具有一种不依赖于其他性质而单独存在的特性，当色相与纯度脱离了明度就无法显现。

如图5-6和图5-7所示，不同明度值的图像效果给人的心理感受也有所不同，高明度色彩给人以

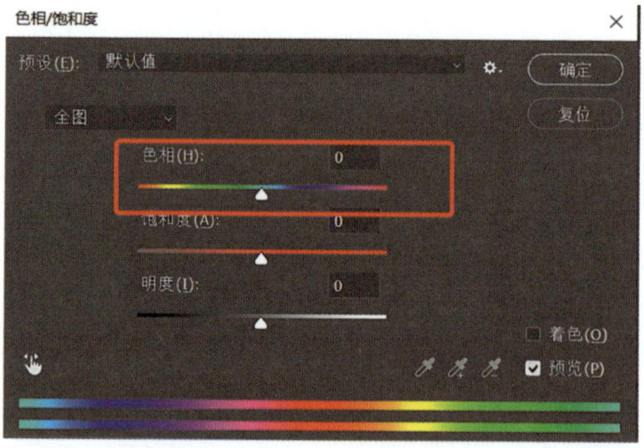

图5-3　色相/饱和度对话框

图5-4　天空原图

图5-5 调整色相与饱和度效果图

图5-6 高明度

图5-7 低明度

明亮、纯净、唯美等感受；适中的明度色彩给人的以朴素、稳重、亲和的感受；低明度色彩则让人感受压抑、沉重、神秘。

第二节 对图像进行特殊的处理

一、色阶

色阶命令是通过将每个图像对象中高光和中间调和阴影的像素定义强度级别，然后按比例重新分配中间像素值来控制调整图像的色调，从而校正图

图5-8 色阶

图5-9 调整后效果

像的色调范围和色彩平衡。选择“图像”“调整”“色阶”命令，或按Ctrl+L键，打开“色阶”对话框。如图5-8和图5-9所示。

自动调节色阶：系统会自动地调整整个图像的色调。暗部、中间调、高光：用来调整整个图像的色调。

二、曲线

运用“曲线”命令调节曲线的方式，可以对图像的亮调、中间调和暗调进行适当调整，其最大的特点是可以对某一范围内的图像进行色调的调整，而不影响其他图像的色调。

图5-10和图5-11分别显示了原素材“葡萄”图像和原图状态下“曲线”的调整编辑框数值，图5-12和图5-13分别显示了原素材“葡萄”在执行了“曲线”效果之后的画面效果及“曲线”编辑框的数值。

三、自动颜色

运用“自动颜色”命令，可以让系统对图像的

图5-10　葡萄原图

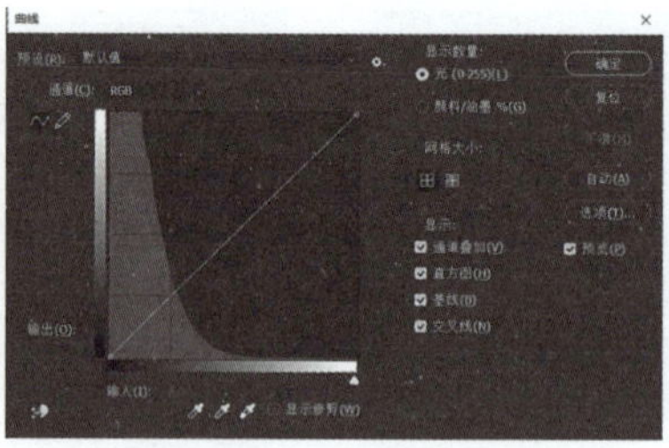

图5-11　葡萄素材调整前曲线

图5-12　葡萄素材调整后图像

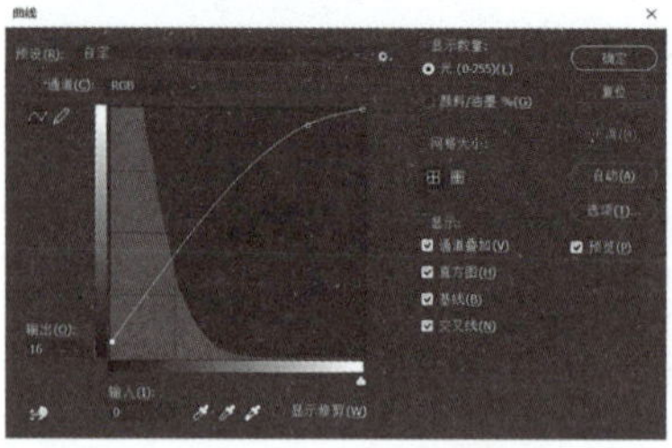

图5-13　葡萄素材调整后曲线

图5-14　自动颜色前

图5-15　自动颜色后

颜色进行自动校正，若图像有偏色与饱和度过高的现象，使用该命令则可以进行自动调整。

执行“图像”点击“自动颜色”命令（快捷键<Ctrl+Shift+B>）。图5-14、图5-15分别显示了同一张图像在使用“自动颜色”指令前后的两种不同图像效果。

四、图像色调的调整

图像的色彩调整命令用于控制图像色彩，主要包括“色相 / 饱和度”“去色”“替换颜色”“可选颜色”“通道混合器”与“渐变映射”等。

1. 色相 / 饱和度

图像的饱和度是指颜色的纯度，就是指掺入白光的程度。对于同一色调的彩色光，饱和度越高，颜色越鲜明。执行“图像”“调整”“色相 / 饱和度”命令，会弹出“色相 / 饱和度”对话框，如图5-16所示。

图5-16　色相/饱和度对话框

“色相 / 饱和度”命令有两个功能：一是在现有图像的色相值和饱和度的基础上调整图像的色彩；二是在保留图像核心亮度值的基础上，通过指定新的色相值和饱和度来给图像着色。

“色相 / 饱和度”对话框中各选项的含义如下。

编辑： 默认为“全图”选项，将会调整所有色彩。如果选中“着色”复选框，则色彩范围不起作用。

色相： 色相值可在-180~180范围内进行调整。如果选中“着色”复选框，则色相值会在0~360范围内进行调整。色相的调整改变图像颜色。

饱和度： 一般情况下，饱和度的变化范围是-100~100。如果选中“着色”复选框，饱和度就变成一个绝对值，其变化范围是0~100。

明度： 明度的取值范围是-100~100，可以改变图像的亮度。

色谱： 表示调整的色彩范围。上方的色谱表示调整前的状态，下方的色谱表示调整后的状态。

吸管工具： 在单色状态下可以使用吸管工具调节色彩范围。选择吸管工具，在图像中某点处单击，以确定相应颜色范围，会在两条色谱之间出现一个色彩范围标识，并且在编辑下拉列表框中会显示与所取值对应的色彩，然后可以用带加号的吸管工具或带减号的吸管工具在图像上单击，以扩大或缩小色彩范围。

图5-17　原素材

图5-18　调整色相 / 饱和度后效果

素材原图和调整完饱和度的效果如图5-17、图5-18所示。

2. 去色

点击“图像”“调整”“去色”命令，会把图像的饱和度降为0，使图像变成灰度图像。该命令与“图像”“模式”“灰度”命令具有类似的图像效果，只不过执行“灰度”命令后，图像的模式就变成灰度了；而执行“去色”命令后，仍然保留图像原有的颜色模式。图5-19和图5-20分别显示了同一张图像在使用“去色”指令前后的两种不同图像效果。

3. 替换颜色

“替换颜色”命令的作用是用其他颜色替换图像中的特定颜色，允许选择一定的色彩区域，然后调整该区域的色相及饱和度。执行“图像”“调整”/“替换颜色”会弹出“替换颜色”对话框，如图5-21所示。

4. 可选颜色

“可选颜色”命令多用于调整CMYK图像中的色彩，也可用于RGB和Lab图像的色彩调整。该命令允许增减所用颜色的油墨百分比，并可分通道调整，即单独针对每种颜色区域进行调整，而不影响其他颜色区域。执行“图像”“调整”“替换颜色”命令，会弹出“可选颜色”对话框，如图5-22所示。

图5-19　原图

图5-20　去色效果

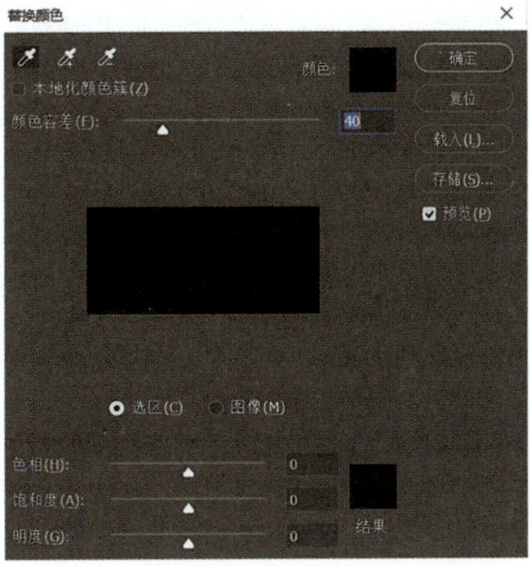

图5-21　替换颜色

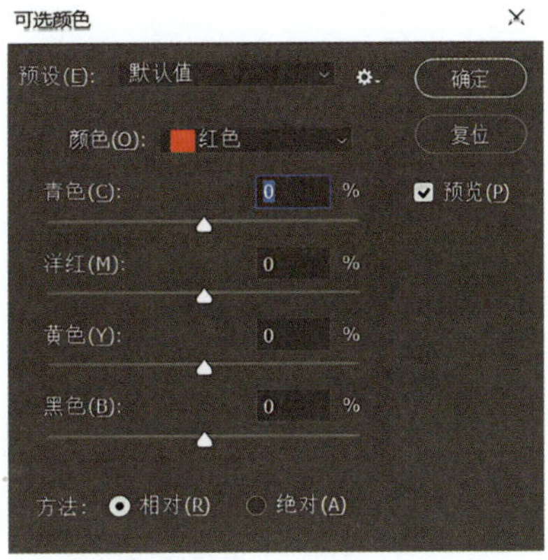

图5-22　可选颜色

其中，“颜色”下拉列表用于选择要编辑的预定颜色，而下方的滑杆用于调节图像中油墨的分量。

5. 通道混合器

“通道混合器”命令用于将当前颜色通道中的像素与其他颜色通道中的像素按一定比例混合，以达到创建高质量图像效果的目的。执行“图像”“调整”“通道混合器”命令，会弹出“通道混合”对话框。“通道混合器”对话框，如图5-23所示。

“通道混合器”对话框中各选项的含义如下。

输出通道：此下拉列表框共分“红”“绿”“蓝”三种通道，可以在此对列表选择需要更改的通道。

源通道：此选项组用于调节“红”“绿”“蓝”通道的色彩数值。

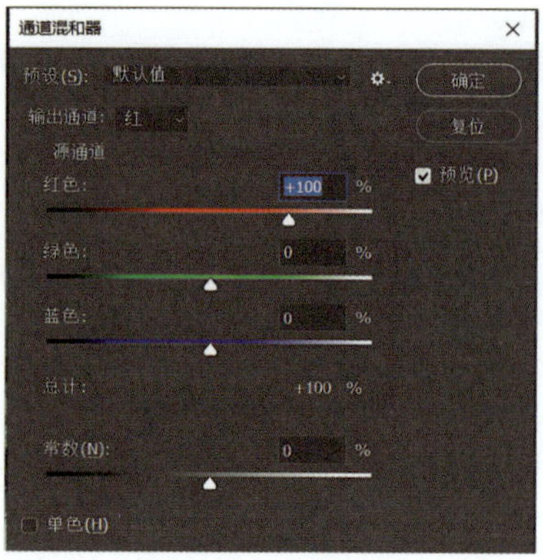

图5-23　通道混合器设置框

常数： 此选项组用于增加颜色通道的补色以亮化或暗化输出通道（左移暗化，右移亮化）。

单色： 勾选复选框，通道中创建的为灰度图像。

6. 渐变映射

“渐变映射”命令主要作用是通过把渐变色映射到图像上来产生特殊的效果。执行“图像”“调整”“渐变映射”命令，会弹出“渐变映射”对话框，如图5-24所示。

图5-24　通道混合器设置框

渐变映射对话框中各选项的含义如下。

恢复映射左右的渐变： 用于选择渐变色。可以单击下拉按钮，在弹出的下拉面板中选择Photoshop预置的渐变色，分为“基础”“蓝色”“紫色”“粉色”“红色”“橙色”“绿色”等选择类目，或单击渐变颜色条，打开“渐变编辑器”进行选择，选择好渐变色后，渐变色就会映射到图像上，而产生特殊效果。

仿色： 选中该选框，将得到过渡更平滑的颜色图像。

反向： 选中该选框，可以使渐变色呈现反向效果。

本章总结

本章介绍了图像的色调调整知识点，涵盖色相、饱和度和亮度部分知识点。展开对图像进行特殊的颜色处理相关知识点进行介绍，包括色阶、曲线、自动颜色、图像色调的调整、“色相 / 饱和度”“去色”“替换颜色”“可选颜色”“通道混合器”“渐变映射”命令的介绍。

通过本章知识点的学习，读者能够独立对图像的色彩色相调整，专业技能得到一定提升。

课后作业

更换图像唇色

习题知识要点： 运用钢笔、色相饱和度等工具更改图像中嘴唇的唇色。图5-25为原素材。图5-26为调整后效果。

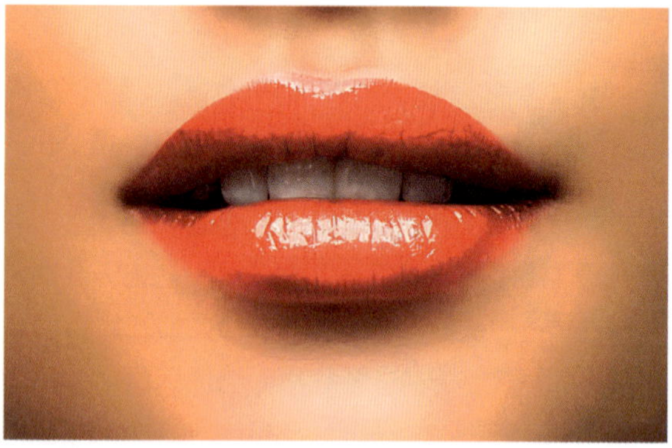

图5-25　调整前

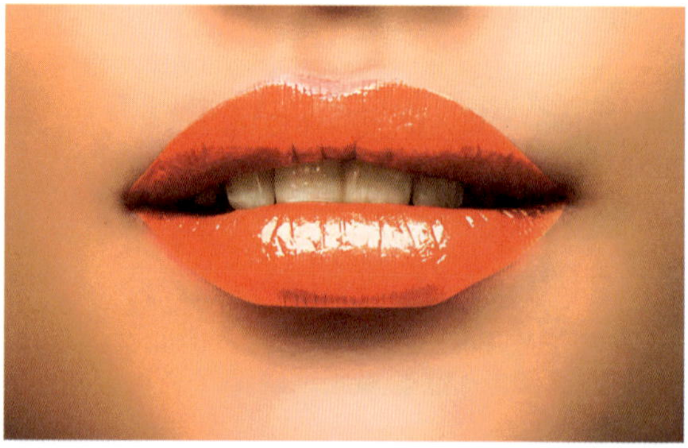

图5-26　调整后效果

（1）打开素材文件，选择钢笔工具，上方钢笔工具选项栏里选择路径，框选出嘴唇的范围。按Ctrl+Enter组合键，将钢笔路径转换为选区。如图5-27所示。

（2）执行图像菜单栏，执行调整 / 亮度对比度。其中设置亮度的参数为26，对比度的参数为41。如图5-28所示。

（3）执行图像菜单栏，执行调整色相/对比度，其中设置色相的参数为-4，饱和度的参数为27。如图5-29所示。

（4）执行图像菜单栏，色彩平衡，按照加黄，加红，加绿色，改变唇色。具体参数如图5-30所示，最终效果如图5-31所示。

（5）执行“文件”，储存。输入文件名称，选择保存类型为JPG格式，即完成制作。

图5-27　嘴唇选区

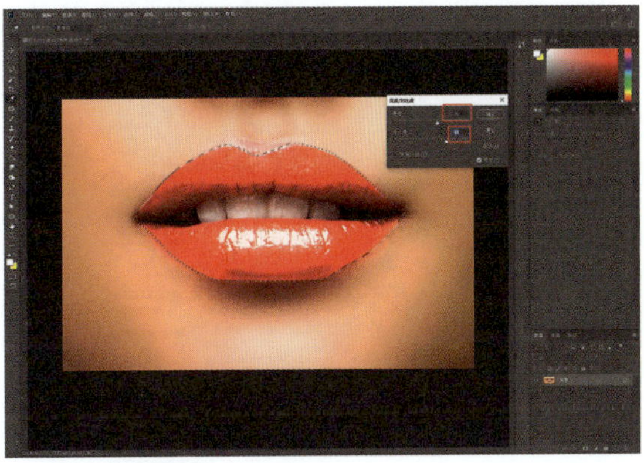
图5-28　亮度对比度调整效果

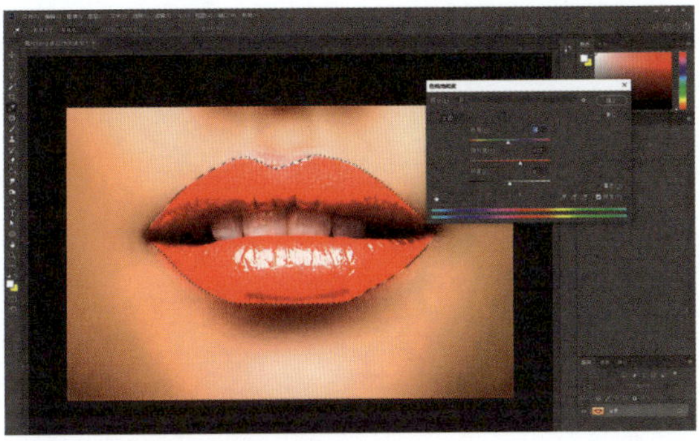
图5-29　色相对比度调整效果

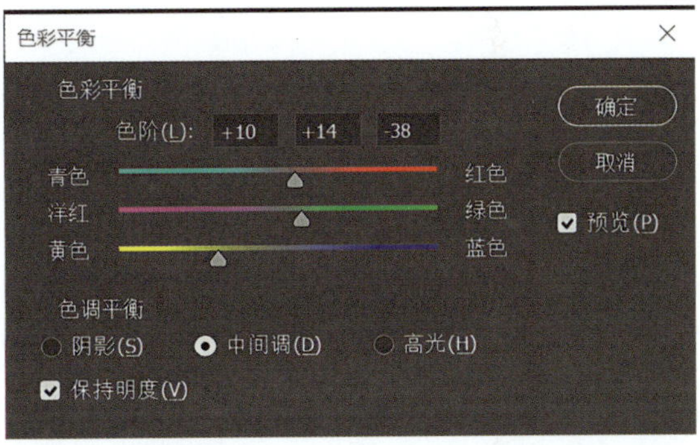

图5-30　色彩平衡

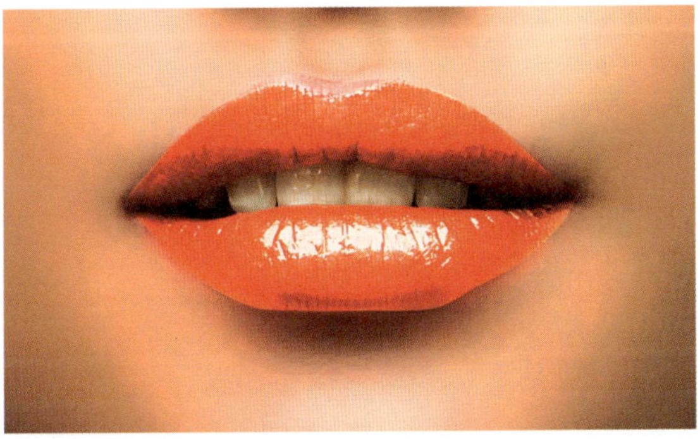
图5-31　调整后效果

图5-32　案例素材

思考拓展

调整风景照的色相

习题知识要点：运用本章节所学知识点，调整风景图像的色调及色相。本案例素材见图5-32。

课程资源链接

课件、拓展资料

第二部分

图形图像数字处理设计实践

第六章 文字与图层的应用

本章主要介绍Photoshop中文字与图层的应用技巧。通过本章的学习，读者可以快速掌握文字的输入与编辑方法，了解图层的基础知识，熟练掌握填充图层和调整图层的方法，图层样式应用、图层蒙版的使用等。通过任务实践练习，能够掌握文字与图层的基本技能，具备利用文字和图层制作多变图像效果的技能。

知识目标

（1）掌握文本的输入与编辑方法。

（2）掌握图层的填充和调整图层的方法。

（3）掌握运用图层蒙版编辑图像的方法。

能力目标

（1）能掌握文字的应用技巧，并能够创建变形文字和路径文字。

（2）能掌握图层混合模式、图层蒙版编辑图像的方法。

（3）能掌握剪贴蒙版的应用。

第一节　文本的输入与编辑

在Photoshop中，我们可以应用文字工具输入文字，并使用“字符”控制面板对文字进行调整。

一、输入水平、垂直文字

选择“横排文字”工具T，或按T键，其属性栏的状如图6-1所示。

按钮：用于切换文字输入的方向。

Baskerville Old Face　Regular 选项：用于设置文字的字体及样式。

24点 选项：用于设置字体的大小。

锐利 选项：用于消除文字的锯齿，包括无、锐利、犀利、浑厚和平滑5个选项。

锐利按钮：用于设置文字的段落格式，分别是左对齐、居中对齐和右对齐。

按钮：用于设置文字的颜色。

按钮：用于对文字进行变形操作。

按钮：用于打开“段落”和“字符”控制面板。

按钮：用于取消对文字的操作。

按钮：用于确认对文字的操作。

3D 按钮：用于从文本图层创建3D对象。

选择“直排文字”工具，可以在图像中创建直排文字。其属性栏与“横排文字”工具属性栏的功能基本相同，这里不再赘述。

二、输入段落文字

选择“横排文字”工具T，将鼠标指针移动到图像窗口中，按住鼠标左键不放，拖曳鼠标在图像窗口中创建一个段落定界框，如图6-2所示。插入点显示在段落定界框的左上角。定界框具有自动换行的功能，如果输入的文字较多，则当文字遇到定界框时，会自动换到下一行显示，效果如图6-3所示。如果输入的文字需要分段落，可以按Enter键进行操作。还可以对定界框进行旋转、拉伸等操作。

三、栅格化文字

“图层”控制面板中文字图层的效果如图6-4所示。选择“图层-栅格化-文字”命令，可以将文字图层转换为图像图层，如图6-5所示。也可以在文字图层上单击鼠标右键，在弹出的菜单中选择“栅格化文字”命令。

图6-1　“横排文字”工具属性栏

图6-2　段落定界框

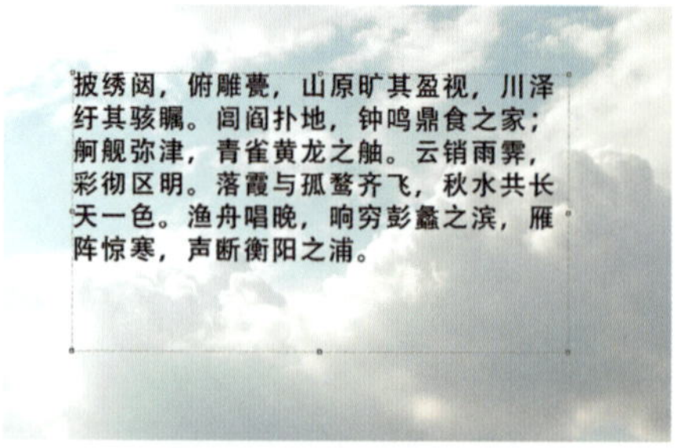

图6-3　段落定界框（自动换行效果）

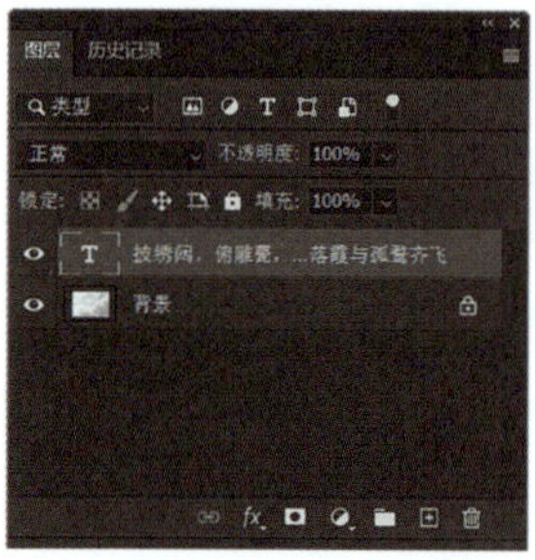

图6-4　图层面板中文字图层效果

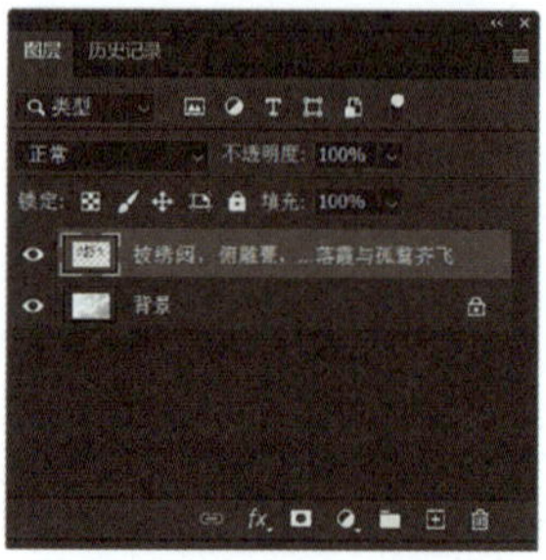

图6-5　文字图层“栅格化”后效果

四、载入文字的选区

通过文字工具在图像窗口中输入文字后，在“图层”控制面板中会自动生成文字图层。如果需要文字的选区，可以按住Ctrl键的同时，单击文字图层的缩览图，载入文字选区。

图6-6　输入文字

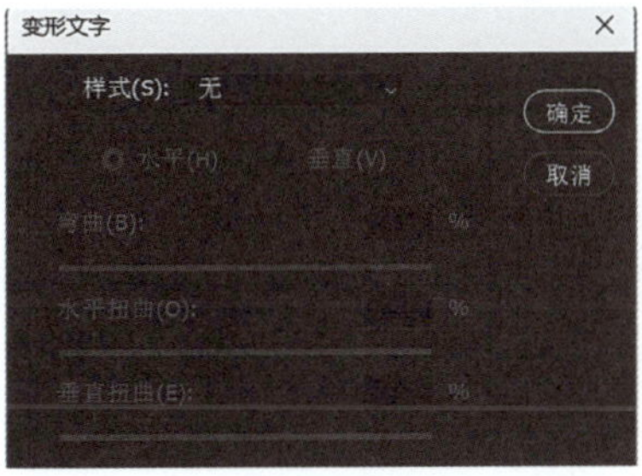

图6-7　“变形文字”对话框

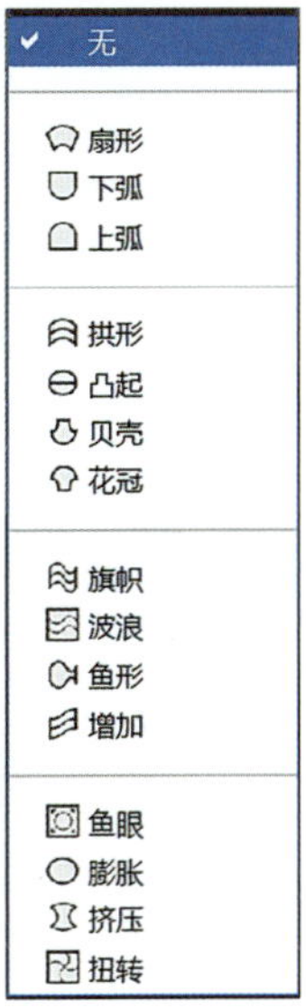

图6-8　列表

第二节　创建变形文字与路径文字

在Photoshop中，应用“变形文字”对话框与路径工具可以制作出多样的文字变形。

一、变形文字

应用“变形文字”对话框可以将文字进行多种样式的变形，如扇形、旗帜、波浪、膨胀、扭转等。

1. 制作扭曲变形文字

在图像中输入文字，如图6-6所示。单击文字工具属性栏中的“创建文字变形”按钮，弹出“变形文字”对话框，如图6-7所示。在“样式”选项的下拉列表中包含了多种文字的变形效果，如图6-8所示。

文字的多种变形效果如图6-9所示。

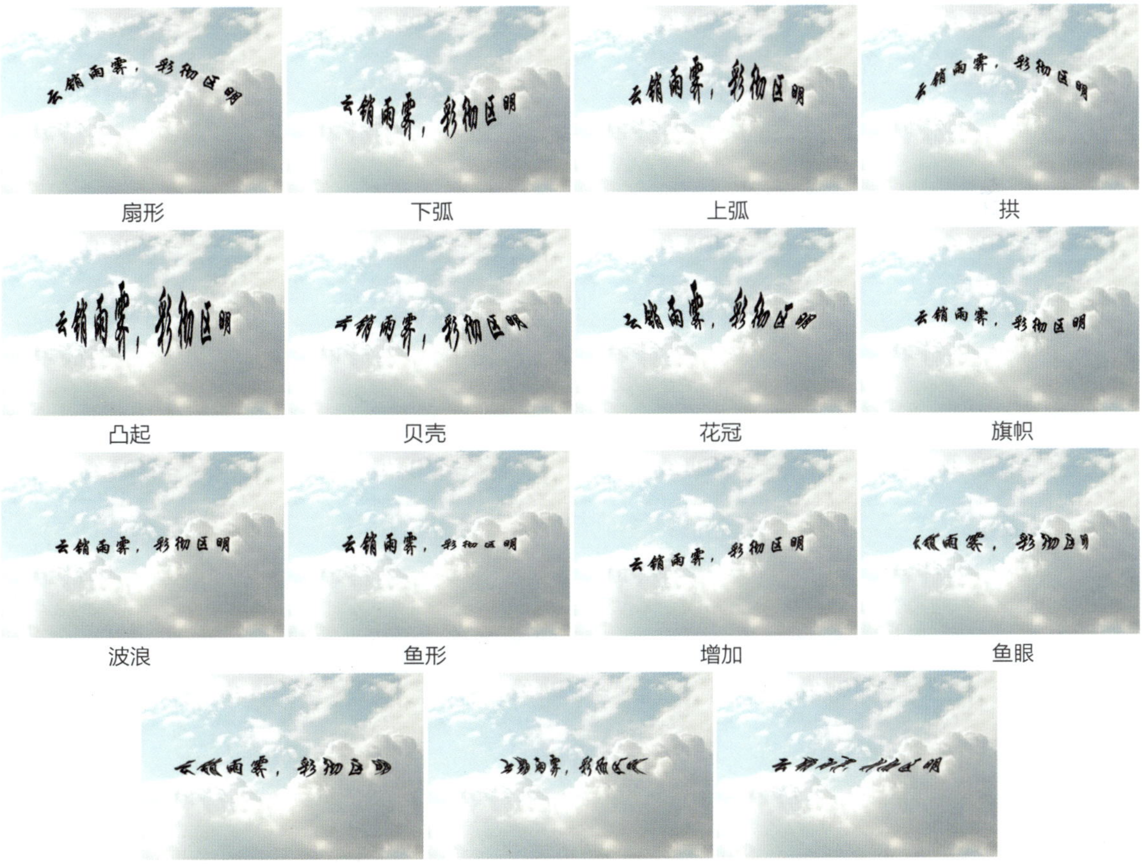

扇形　下弧　上弧　拱

凸起　贝壳　花冠　旗帜

波浪　鱼形　增加　鱼眼

膨胀　挤压　扭转

图6-9　文字多种变形效果

2. 设置变形选项

如果要修改文字的变形效果，可以打开“变形文字”对话框，在对话框中重新设置样式或更改当前应用样式的数值。

3. 取消文字变形效果

如果要取消文字的变形效果，可以打开“变形文字”对话框，在“样式”选项的下拉列表中选择“无”。

二、路径文字

可以将文字建立在路径上，并应用路径对文字进行调整。

1. 在路径上创建文字

选择“钢笔”工具，在图像中绘制一条路径，如图6-10所示。选择“横排文字”工具，将鼠标指针放在路径上，指针将变为上图标。单击路径出现闪烁的光标，此处为输入文字的起始点。输入的文字会沿着路径的形状进行排列，效果如图6-11所示。

文字输入完成后，在“路径”控制面板中会自动生成文字路径层。取消“视图-显示额外内容”命令的选中状态，可以隐藏文字路径，如图6-12所示。

提示：“路径”控制面板中的文字路径层与“图层”控制面板中相对的文字图层是相链接的。删除文字图层时，文字的路径层会自动被删除，删除其他工作路径不会对文字的排列有影响。如果要修改文字的排列形状，需要对文字路径进行修改。

2. 在路径上移动文字

选择“路径选择”工具，将鼠标指针放置在文字上，指针显示为图标，如图6-13所示。单击并沿着路径拖曳鼠标，可以移动文字。

3. 在路径上翻转文字

选择“路径选择”工具，将鼠标指针放置在文字上，指针显示为下图标。将文字向路径下方拖拽，可以沿路径翻转文字，效果如图6-14所示。

4. 修改绕排文字的路径形状

选择“直接选择”工具，在路径上单击，路径上显示出控制手柄。拖曳控制手柄修改路径的形状，文字会按照修改后的路径进行排列，效果如图6-15所示。

图6-10 钢笔工具绘制路径

图6-11 文字沿路径排列

图6-12 隐藏文字路径

图6-13 路径选择工具使用

图6-14 在路径上翻转文字

图6-15 修改绕排文字路径形状

第三节　图层基础知识

通过学习图层的基础知识，读者可以在掌握图层基本概念的基础上快速完成对图层的新建、复制、合并、删除等基础调整。

一、“图层”控制面板

图层”控制面板列出了图像中的所有图层、图层组和图层效果，从中可以显示和隐藏图层、创建新图层及处理图层组，还可以在其弹出式菜单中设置其他命令和选项，如图6-16所示。

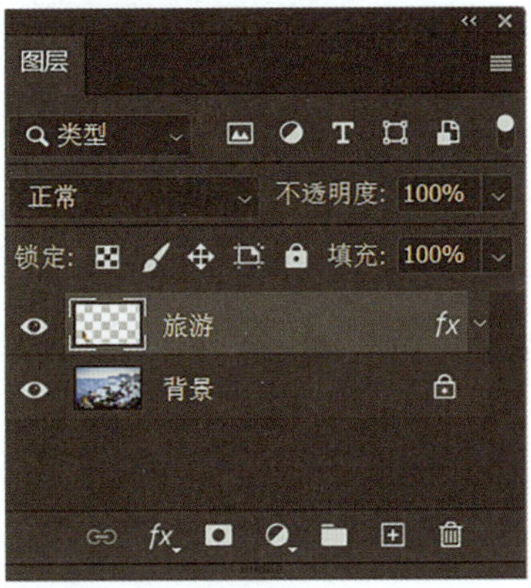

图6-16　图层控制面板

图层搜索功能： 在选项的下拉列表中可以选取9种不同的搜索方式。

类型： 可以通过单击“像素图层过滤器”按钮、“调整图层过滤器”按钮、“文字图层过滤器”按钮、“形状图层过滤器”按钮和“智能对象过滤器”按钮来搜索需要的图层类型。

名称： 可以通过在右侧的文本框中输入图层名称来搜索图层。

效果： 通过图层应用的图层样式来搜索图层。

模式： 通过图层设定的混合模式来搜索图层。

属性： 通过图层的可见性、锁定、链接、混合和蒙版等属性来搜索图层。颜色：通过不同的图层颜色来搜索图层。

智能对象： 通过图层中不同智能对象的链接方式来搜索图层。

选定： 通过选定的图层来搜索图层。画板：通过画板来搜索图层。

图层的混合模式选项：用于设定图层的混合模式，共包含27种混合模式。

“不透明度”选项：用于设定图层的不透明度。

“填充”选项：用于设定图层的填充百分比。

眼睛图标：用于打开或隐藏图层中的内容。

锁链图标：表示图层与图层之间的链接关系。

图标：表示此图层为可编辑的文字层。

图标：表示为图层添加了样式。

在“图层”控制面板的上方有5个工具按钮图标，如图6-17所示。

图6-17　工具按钮图标（上方）

“锁定透明像素”按钮：用于锁定当前图层中的透明区域，使透明区域不能被编辑。

“锁定图像像素”按钮：使当前图层和透明区域不能被编辑。

“锁定位置”按钮：使当前图层不能被移动。

“防止在画板和画框内外自动嵌套”按钮：锁定画板在画布上的位置，防止在画板内部或外部自动嵌套。

“锁定全部”按钮：使当前图层或序列完全被锁定。

在“图层”控制面板的下方有7个工具按钮图标，如图6-18所示。

图6-18　工具按钮图标（下方）

“链接图层”按钮：使所选图层和当前图层成为一组。当对一个链接图层进行操作时，将影响一组链接图层。

“添加图层样式”按钮：为当前图层添加图层样式效果。

“添加图层蒙版”按钮：将在当前层上创建一个蒙版。在图层蒙版中，黑色代表隐藏图像，白色代表显示图像。可以使用画笔等绘图工具对蒙版进行绘制，还可以将蒙版转换成选择区域。

“创建新的填充或调整图层”按钮：可对图层进行颜色填充和效果调整。

“创建新组”按钮：用于新建一个图层组，可在其中放入图层。

“创建新图层”按钮：用于在当前图层的上方创建一个新图层。

“删除图层”按钮：可以将不需要的图层拖拽到此处进行删除。

单击“图层”控制面板右上方的图标，弹出其命令菜单，如图6-19所示，具体内容将在下面的各小节进行介绍。

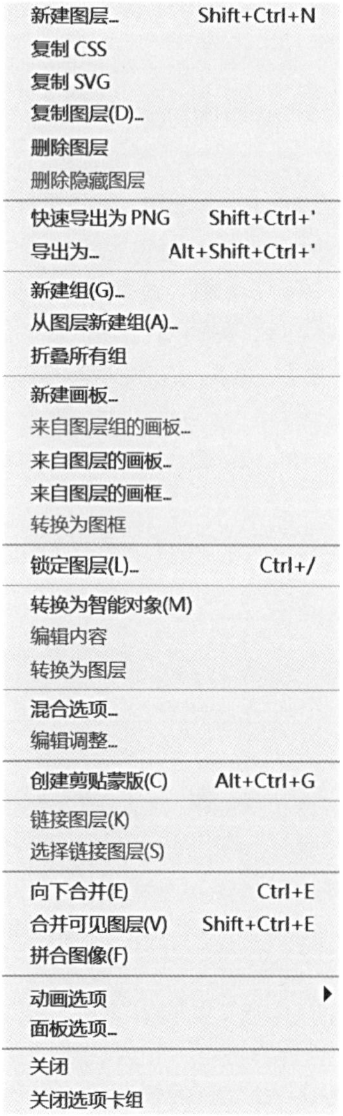

图6-19　图层面板弹出命令菜单

二、新建与复制图层

应用“新建图层”命令可以创建新的图层，应用“复制图层”命令可以对已有的图层进行复制。

1. 新建图层

单击“图层”控制面板右上方的图标，弹出其命令菜单，选择“新建图层”命令，弹出“新建图层”对话框，如图6-20所示。

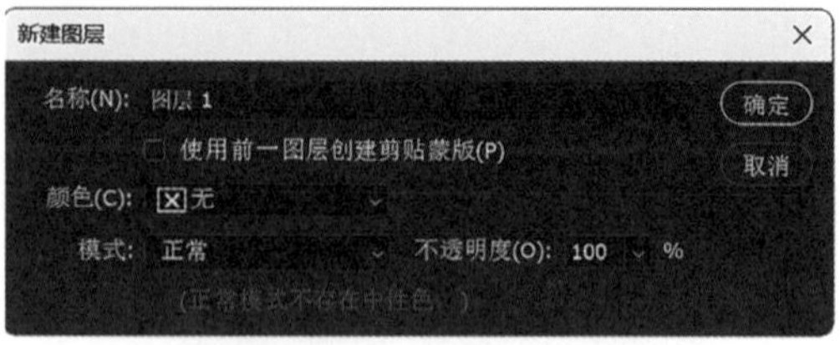

图6-20　新建图层对话框

“名称”项：用于设定新图层的名称，可以选择用前一图层创建剪贴蒙版。

“颜色”选项：用于设定新图层的颜色。

“模式”选项：用于设定当前图层的合成模式。

“不透明度”选项：用于设定当前图层的不透明度值。

单击“图层”控制面板下方的“创建新图层”按钮，可以创建一个新图层；按住Alt键的同时单击“创建新图层”按钮，将弹出“新建图层”对话框。

选择“图层-新建-图层”命令，弹出“新建图层”对话。按Shift+Ctrl+N组合键，也可以弹出“新建图层”对话框。

2. 复制图层

单击“图层”控制面板右上方的图标，弹出其命令菜单，选择“复制图层”命令，弹出“复制图层”对话框，如图6-21所示。

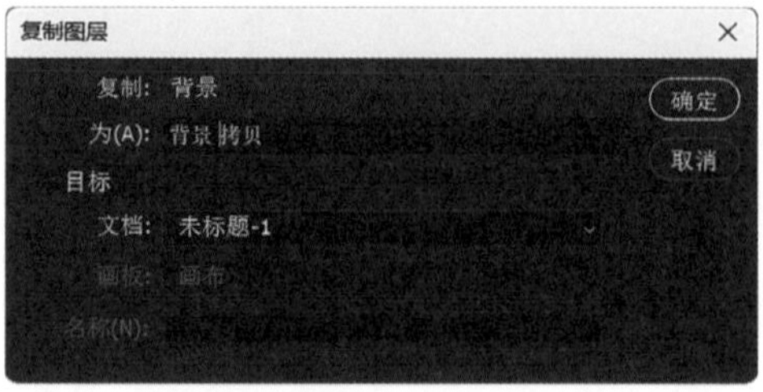

图6-21　复制图层对话框

“为”项：用于设定复制层的名称。

“文档”选项：用于设定复制层的文件来源。

将需要复制的图层拖拽到控制面板下方的“创建新图层”按钮上，可以将所选的图层复制为一个新图层。

选择“图层-复制图层”命令，弹出“复制图层”对话框，也可复制图层。

打开目标图像和需要复制的图像，将图像中需要复制的图层直接拖曳到目标图像的图层中，图层复制完成。

三、合并与删除图层

在编辑图像的过程中，我们可以将图层进行合并，并将无用的图层进行删除。

1. 合并图层

“向下合并”命令用于向下合并图层。单击“图层”控制面板右上方的图标，在弹出的菜单中选择“向下合并”命令，或按Ctrl+E组合键即可合并图层。

“合并可见图层”命令用于合并所有可见层。单击“图层”控制面板右上方的图标，在弹出的菜单中选择“合并可见图层”命令，或按Shift+Ctrl+E组合键即可合并可见图层。

“拼合图像”命令用于合并所有的图层。单击图层控制面板右上方的图标，在弹出的菜单中选择“拼合图像”命令，即可合并所有图层。

2. 删除图层

单击“图层”控制面板右上方的图标，弹出其命令菜单，选择“删除图层”命令，弹出提示对话框，如图6-22所示。单击“是”按钮即可删除图层。

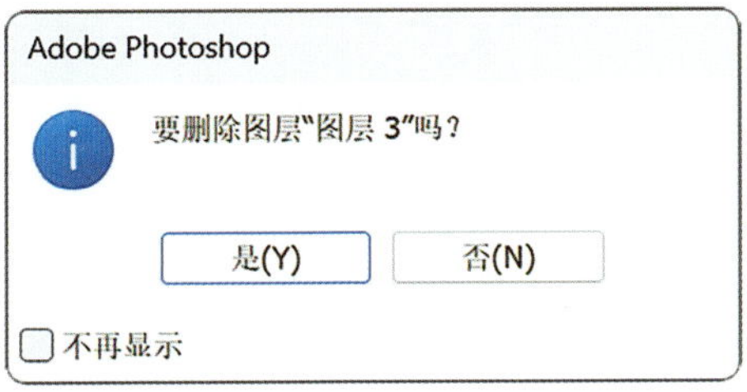

图6-22　删除图层对话框

选中要删除的图层，单击“图层”控制面板下方的“删除图层”按钮，也可删除图层。或将需要删除的图层直接拖拽到“删除图层”按钮上进行删除。

还可以选择“图层-删除-图层”命令删除图层。

四、显示与隐藏图层

单击“图层”控制面板中任意图层左侧的眼睛图标，可以隐藏或显示这个图层。

按住Alt键的同时，单击“图层”控制面板中的任意图层左侧的眼睛图标，此时，图层控制面板中将只显示这个图层，其他图层被隐藏。

五、图层的不透明度

通过“图层”控制面板上方的“不透明度”选项和“填充”选项可以调节图层的不透明度。“不透明度”选项可以用于调节图层中的图像、图层样式和混合模式的不透明度；“填充”选项可以用于调节图层中的图像和混合模式的不透明度，不能用来调节图层样式的不透明度。设置不同数值时，图像产生的不同效果如图6-23所示。

六、图层组

当编辑多层图像时，为了方便操作，可以将多个图层建立在一个图层组中。

单击“图层”控制面板右上方的图标，在弹出的菜单中选择“新建组”命令，弹出“新建组对话框”。单击“确定”按钮，新建一个图层组。选中要放置到组中的图层，将其向图层组中拖拽，则选中的图层被放置在图层组中，如图6-24所示。

提示：单击“图层”控制面板下方的“创建新组”按钮，可以新建图层组；选择“图层-新建-组”命令，也可新建图层组；还可选中要放置在图层组中的所有图层，按Ctrl+G组合键，自动生成新的图层组。

图6-23　不同参数的不同图像效果

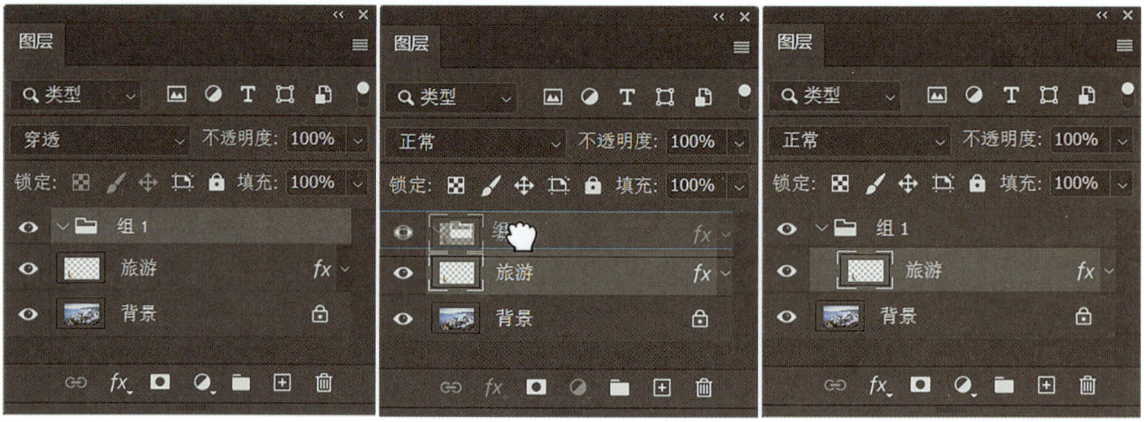

图6-24　图层组操作示意

第四节　填充图层和调整图层

应用填充图层可以为图像填充纯色、渐变色或图案；应用调整图层可以对图像的色彩与色调、混合与曝光度等进行调整。

一、使用填充图层

当需要新建填充图层时，可以选择“图层-新建填充图层”命令，弹出填充图层的3种格式如图6-25所示。选择其中的一种格式，弹出“新建图层”对话框，如图6-26所示。单击“确定”按钮，程序将根据选择的填充方式弹出不同的填充对话框。

以“渐变填充”为例，如图6-27所示，单击“确定”按钮，“图层”控制面板和图像的效果如图6-28、图6-29所示。

单击“图层”控制面板下方的“创建新的填充和调整图层”按钮，可以在弹出的菜单中选择需要的填充方式。

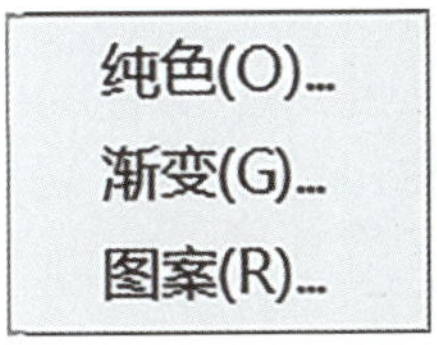

图6-25 填充图层效果

图6-26 新建图层对话框

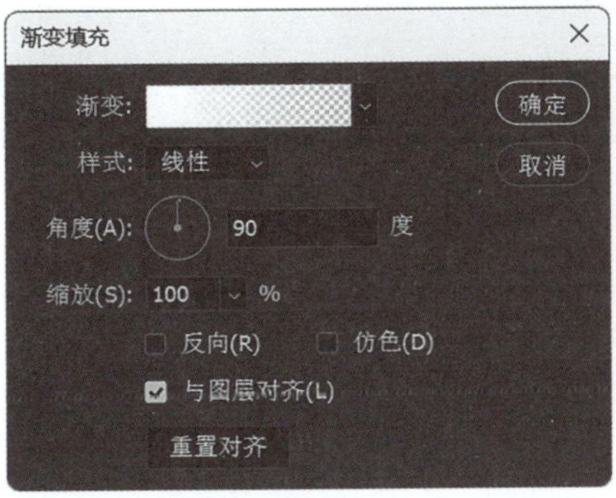

图6-27 渐变填充对话框

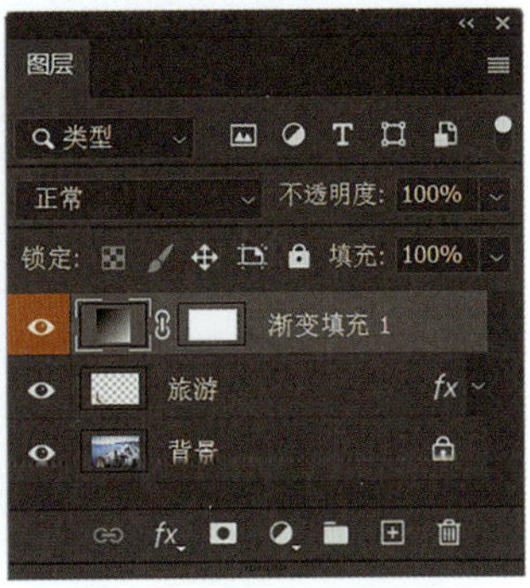

图6-28 渐变填充控制面板

图6-29 渐变填充图像效果

二、使用调整图层

当需要对一个或多个图层进行色彩调整时，可以选择“图层-新建调整图层”命令，弹出调整图层的多种方式，如图6-30所示。选择其中的一种方式，将弹出“新建图层”对话框，如图6-31所示。

选择不同的调整方式，程序将弹出不同的调整对话框。以“色相／饱和度”为例，按Enter键确认操作，“图层”控制面板和图像的效果如图6-32所示。

单击“图层”控制面板下方的“创建新的填充或调整图层”按钮，可以在弹出的菜单中选择需要的调整方式。

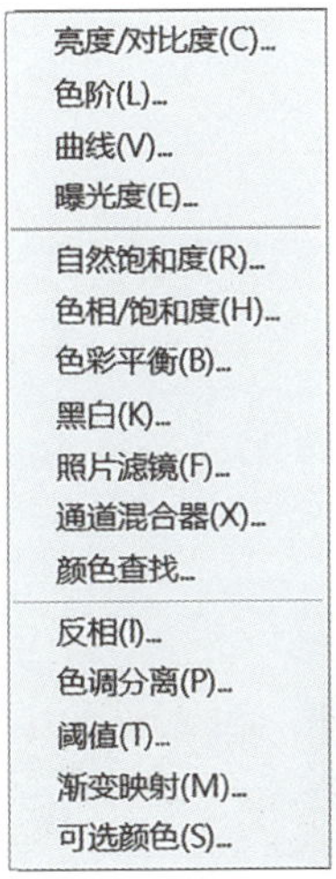

图6-30 调整图层面板

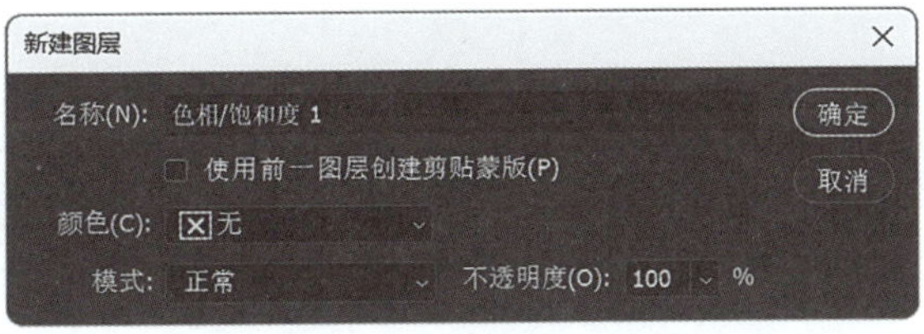

图6-31 调整图层后弹出“新建图层”对话框

图6-32　色相/饱和度调整效果

第五节　图层的混合模式

图层的混合模式功能用于为图层添加不同的模式，使图像产生不同的效果。在“图层”控制面板中，正常选项用于设定图层的混合模式，它包含27种模式。

打开一幅图像，“图层”控制面板及其效果如图6-33所示。在对“旅游”图层应用不同的混合模式后，图像效果如图6-34所示。

图6-33　图层控制面板及其效果

溶解　　变暗

图6-34　图层应用多种混合模式效果示意（1）

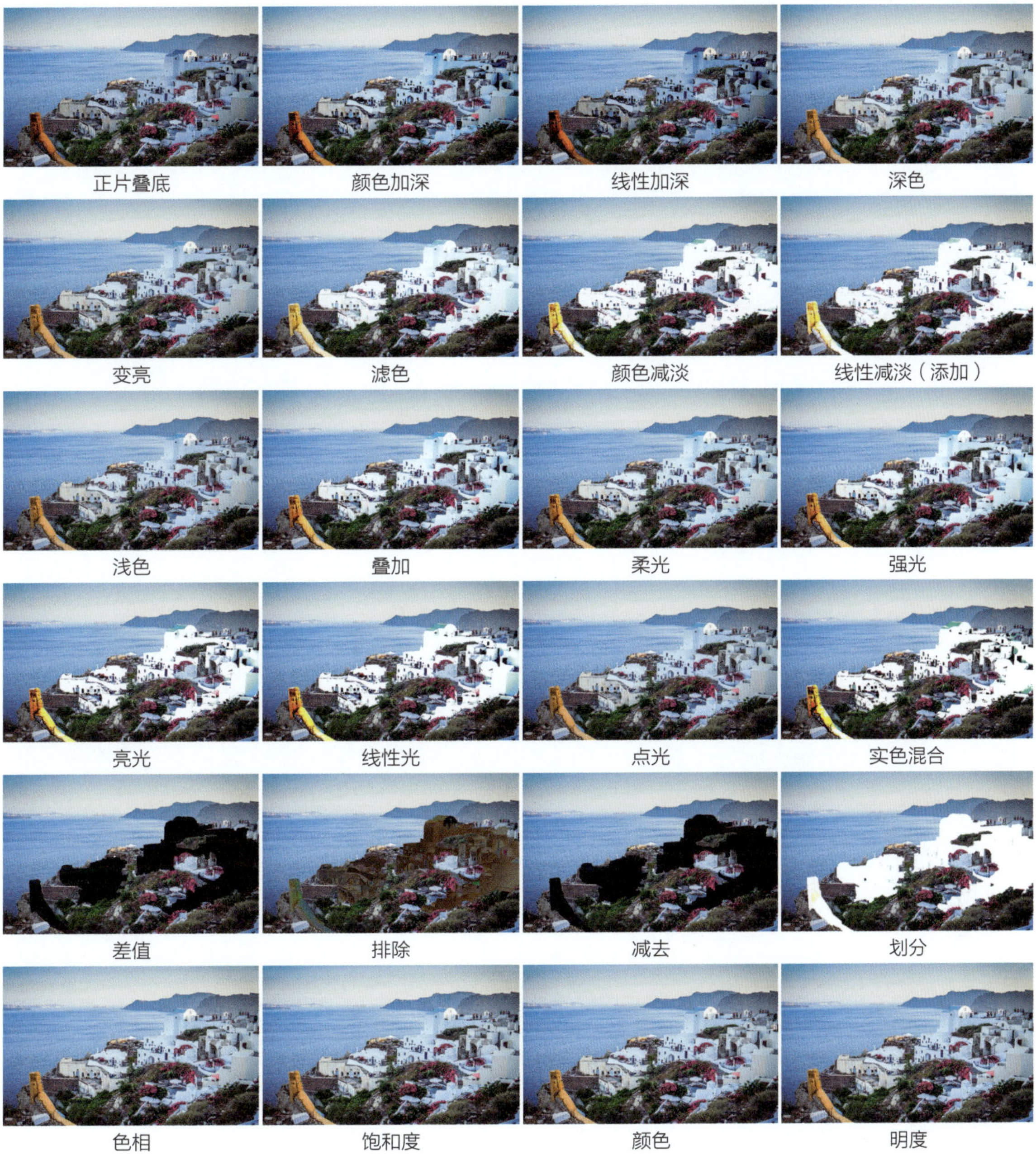

图6-34　图层应用多种混合模式效果示意（2）

第六节　图层样式

Photoshop提供了多种图层样式的添加方式供选择。我们可以单独为图像添加一种样式，还可同时为图像添加多种样式。应用图层样式命令可以为图像添加投影、外发光、斜面、浮雕等效果，制作出特殊效果的文字和图形。

图6-35　图层应用多种图层样式效果示意

一、图层样式

单击“图层”控制面板下方的“添加图层样式”按钮，在弹出的菜单中选择不同的图层样式命令，生成的效果如图6-35所示。

二、复制和粘贴图层样式

“拷贝图层样式”和“粘贴图层样式”命令是对多个图层应用相同样式效果的快捷方式。用鼠标右键单击要复制样式的图层，在弹出的菜单中选择“拷贝图层样式”命令，再选择要粘贴样式的图层，单击鼠标右键，在弹出的菜单中选择“粘贴图层样式”命令即可。

三、清除图层样式

当对图像所应用的样式不满意时，可以将样式进行清除。选中要清除样式的图层，单击鼠标右键从菜单中选择“清除图层样式”命令，即可将图像中添加的样式清除。

第七节　图层蒙版

在编辑图像时，我们可以为某一图层或多个图层添加蒙版，并对添加的蒙版进行编辑、隐藏、链接、删除等操作。

一、添加图层蒙版

单击“图层”控制面板下方的“添加图层蒙版”按钮，可以创建一个图层蒙版，如图6-36所示。按住Alt键的同时，单击“图层”控制面板下方的“添加图层蒙版”按钮，可以创建一个遮盖图层全部的蒙版，如图6-37所示。

黑色蒙版是表现“隐藏”当前图层的内容，是透明的，可以看到背景图层的内容；白色蒙版是表示“显示”当前图层内容。

二、编辑图层蒙版

单击“图层”控制面板下方的“添加图层蒙版”按钮，为图层创建蒙版，如图6-38所示。将前景色设为黑色。选择“画笔”工具，属性栏如图6-39所示进行设定，在图层蒙版中按所需的效果进行涂抹，图像效果如图6-40所示。

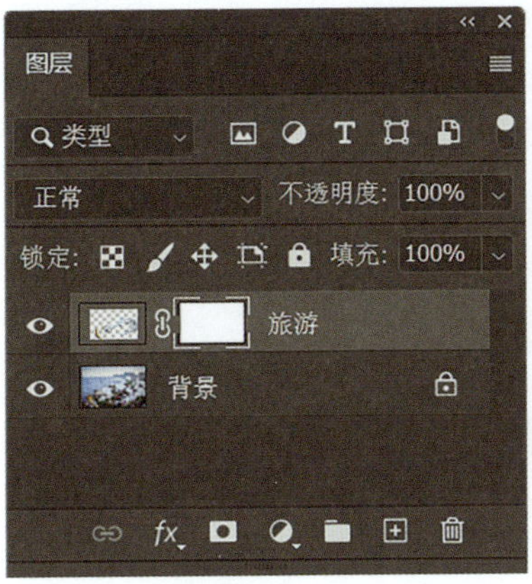

图6-36　添加图层蒙版

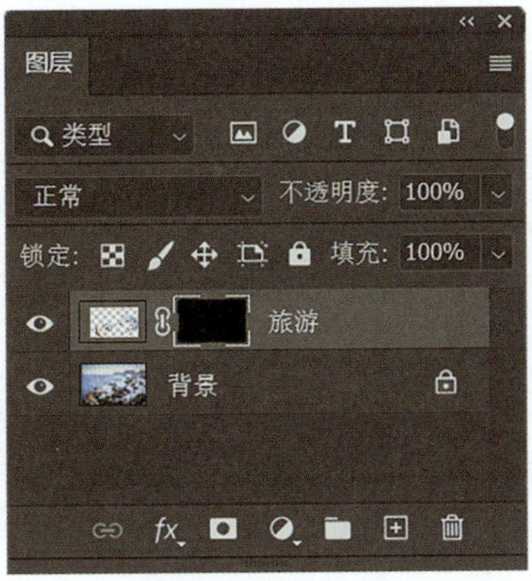

图6-37　图层蒙版—遮盖全部

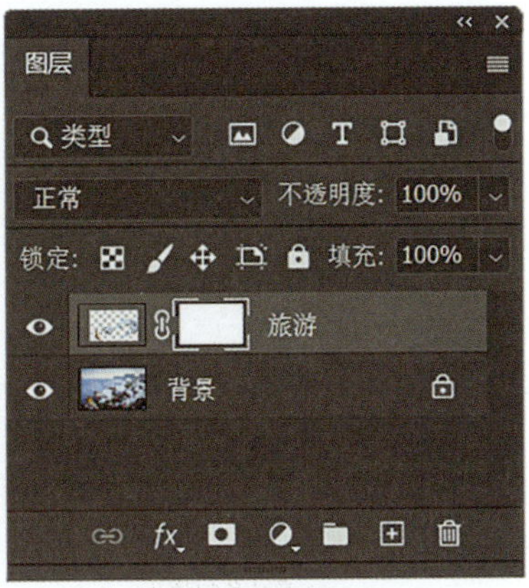

图6-38　编辑蒙版—创建

图6-39　编辑蒙版—画笔

图6-40　编辑蒙版—效果

图6-41　编辑蒙版—图层面板（1）

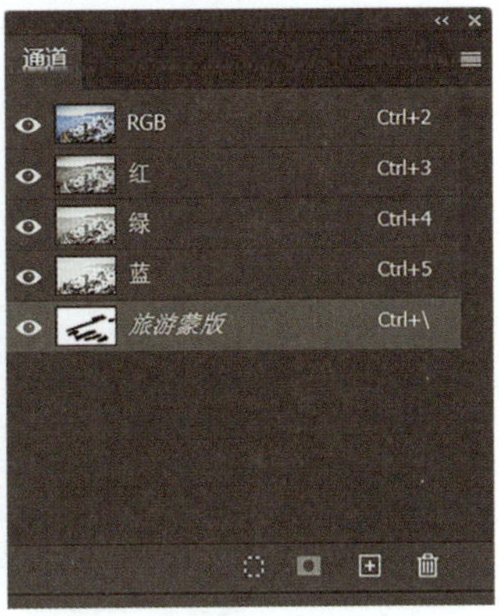

图6-42　编辑蒙版—通道面板（2）

在“图层”控制面板中，图层的蒙版效果如图6-41所示。选择“通道”控制面板，显示出图层的蒙版通道，如图6-42所示。

第八节　剪贴蒙版

剪贴蒙版是使用某个图层的内容来遮盖其下方的图层，遮盖效果由基底图层决定。

打开一幅图片，如图6-43所示。“图层”控制面板中的效果如图6-44所示。按住Alt键将鼠标指针放置到“旅游”和“形状 1”图层的中间位置，指针变为图标，如图6-45所示。

图6-43　剪贴蒙版—效果

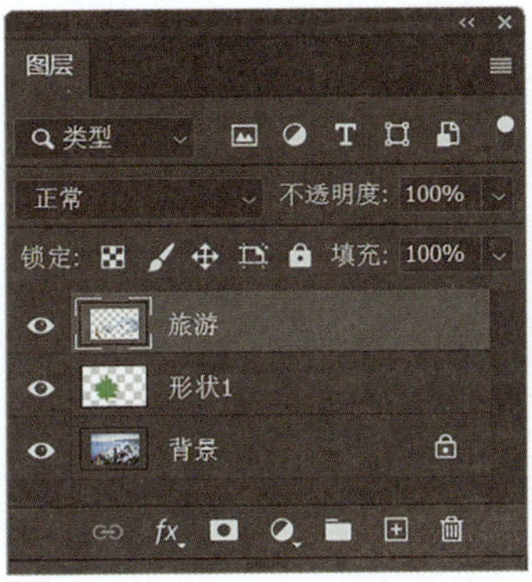

图6-44　剪贴蒙版—图层面板（1）

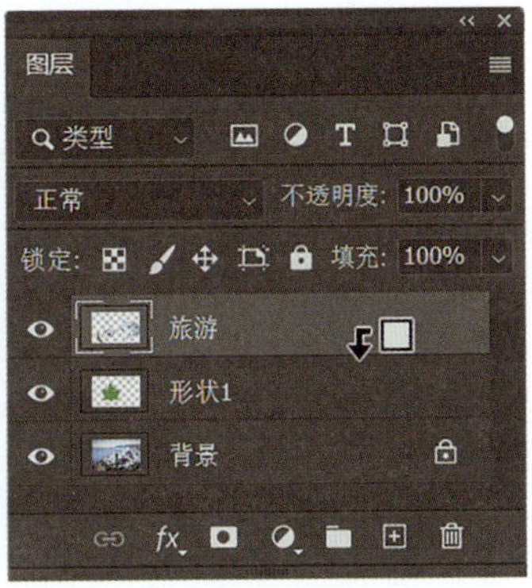

图6-45　剪贴蒙版—图层面板（2）

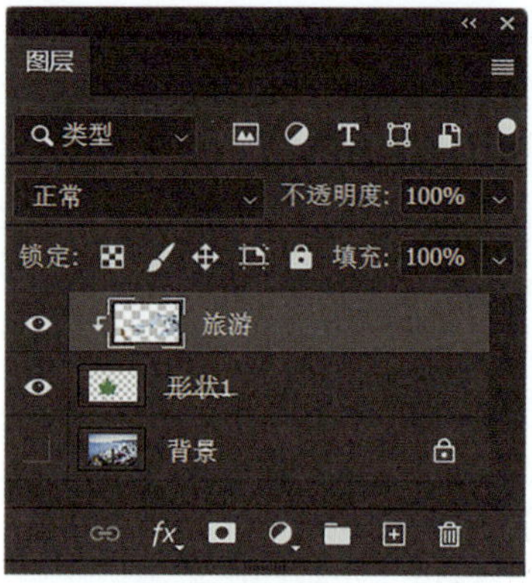

图6-46　制作剪贴蒙版

图6-47　图像效果（1）

图6-48　图像效果（2）

图6-49　翡翠玉镯效果图

单击鼠标左键，制作图层的剪贴蒙版，如图6-46所示，图像窗口中的效果如图6-47所示。选择“移动”工具，可以随意移动“旅游”图层中的图像，效果如图6-48所示。

如果要取消剪贴蒙版，可以选中剪贴蒙版组中上方的图层，选择“图层-释放剪贴蒙版”命令，或按Alt+Ctrl+G组合键。

本章总结

本章节主要介绍文字和图层的应用技巧，在文字和图层知识中间穿插几个实操任务。在整个学习过程中，读者可以快速地掌握文字的输入方法，变形文字、路径文字的制作，可以了解并掌握图层的基础知识，对新建填充图层和调整图层有足够的认知和了解，掌握图层样式的应用，掌握图层蒙版编辑图像以及剪贴蒙版的应用。

课后作业

制作翡翠玉镯

图像都是基于图层进行处理的，图层就是图像的层次，可以将一幅作品分解成多个元素，即每一个元素都由一个图层进行管理。通过图层与图层样式的学习，读者来完成翡翠玉镯的制作，效果如图6-49所示。

（1）执行“文件-新建”命令（快捷键为<Ctrl+N>），新建一个文件，并命名为“玉镯.psd”，设置“宽度”和“高度”均为14 厘米，背景为白色。

（2）执行“视图-标尺”命令（快捷键为<Ctrl+R>），显示图像的标尺，用鼠标从标尺7cm处拉出垂直和水平的两条参考线。

（3）新建一个图层，接下来选择“椭圆选框工具”准备在图中绘制。在中心点处按住鼠标左键，再按Shift+Alt组合键，然后拖动鼠标绘制一个以中心参考点为圆心的圆形选区，如图6-50所示。

（4）再次使用“椭圆选框工具”，设置从选区减去，用与步骤3相同的方法绘出一个较小的圆形选框，最后得到一个环形选区，如图6-51所示。

（5）将前景色设置为绿色，然后按Alt+Delete组合键填充圆环，效果如图6-52所示。

（6）双击“图层1”的缩略图，弹出“图层样式”对话框，选择“斜面与浮雕”复选框，设置各个参数，所有参数不是定数，可以观察图像，反复调整，直到满意，如图6-53所示。

（7）接着选择“光泽”复选框，设置混合模式色块为翠绿色（55c90e），“距离”和“大小”可观察图形调整，直到满意为止，如图6-54所示。

（8）设置“图案叠加”效果，选择“云彩”图案，调整“不透明度”和“缩放”，将其设置为合适比例，如图6-55所示。

（9）设置“投影”效果，如图6-56所示。

（10）通灵剔透的翡翠玉镯制作完成。如果还想添加细节效果，还可以添加“内发光”与“内阴影”效果，如图6-49所示。

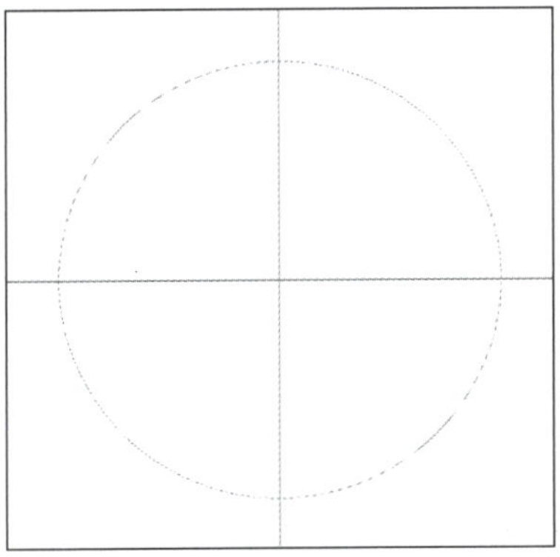

图6-50　图形选区绘制

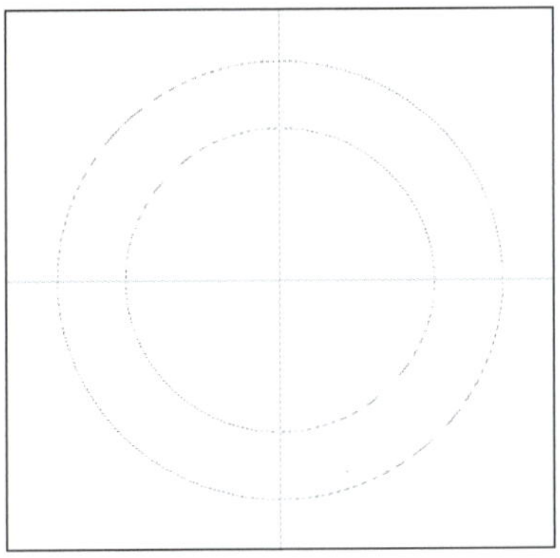

图6-51　环形选区绘制

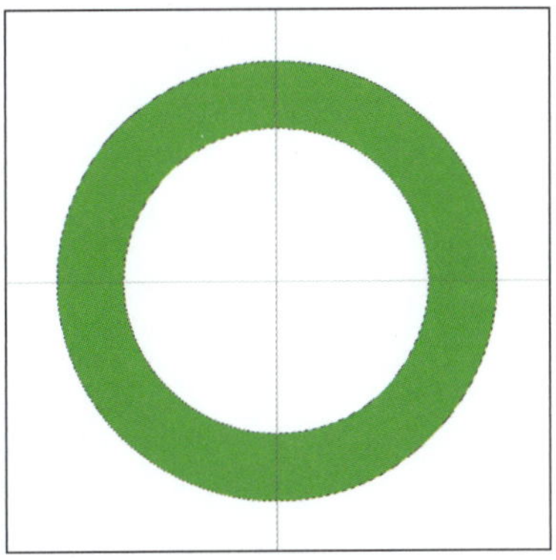

图6-52　环形选区填充

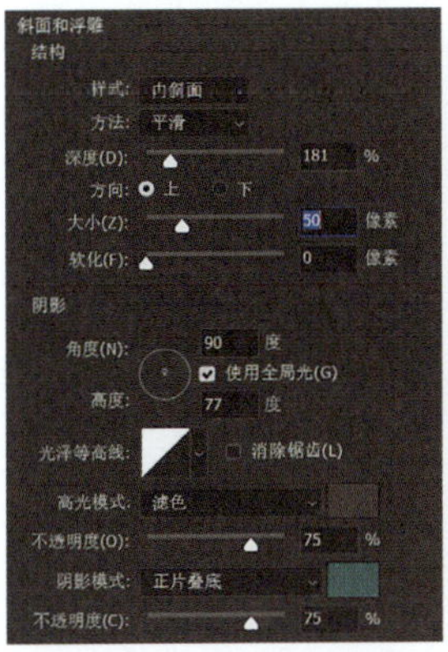

图6-53　斜面与浮雕效果参数示意

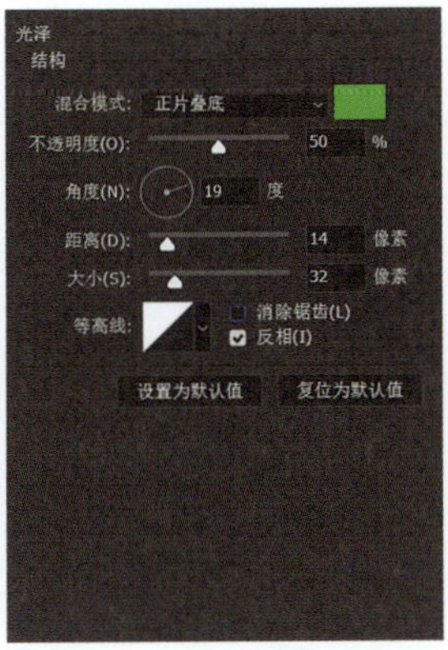

图6-54　光泽效果参数示意

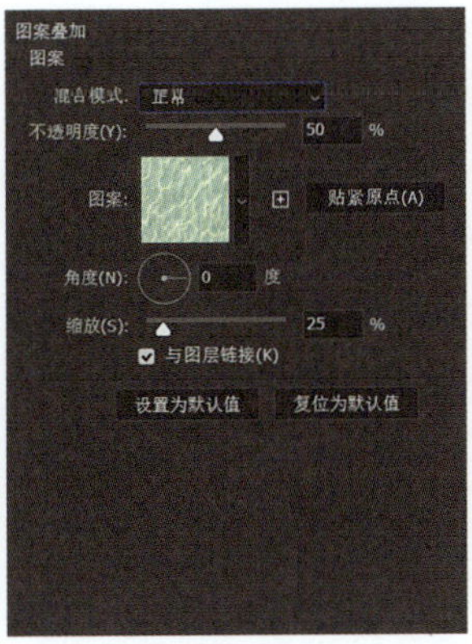

图6-55　图案叠加效果参数示意

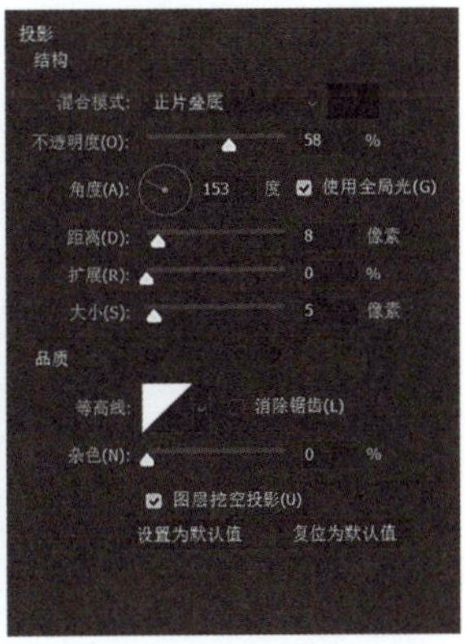

图6-56　投影效果参数示意

思考拓展

制作企业LOGO

结合本章所讲的文字和图层的应用，尝试企业LOGO的制作，以文字和基本线条为主要构图元素，发挥想象力自由创作，可参照“科学技术”的LOGO制作，如图6-57所示。

图6-57　企业LOGO效果图

课程资源链接

课件、拓展资料

第七章 通道与滤镜的使用

本章主要介绍了通道与滤镜的使用方法。通过对本章的学习，读者可以快速掌握通道的基本操作、通道蒙版的应用方法，以及滤镜功能的使用技巧，能够更快、更准确地创作处理图像。

知识目标

（1）了解通道的作用。

（2）了解滤镜的作用。

能力目标

（1）掌握通道的操作方法和应用技巧。

（2）掌握运用通道蒙版编辑图片的方法。

第一节　通道的操作

在Photoshop中通道主要分为颜色通道、专色通道和Alpha选区通道3种。从功用角度来说，通道就是选区。

一、通道控制面板

通道控制面板用来创建和管理通道。通道最主要是用来保存图像的颜色数据，例如一个RGB模式的图像，其中每个像素的颜色数据是由红、绿、蓝这三个通道来保存。

执行“窗口-通道”命令，弹出通道控制面板，如图7-1所示，所有通道操作均可在此面板中完成。

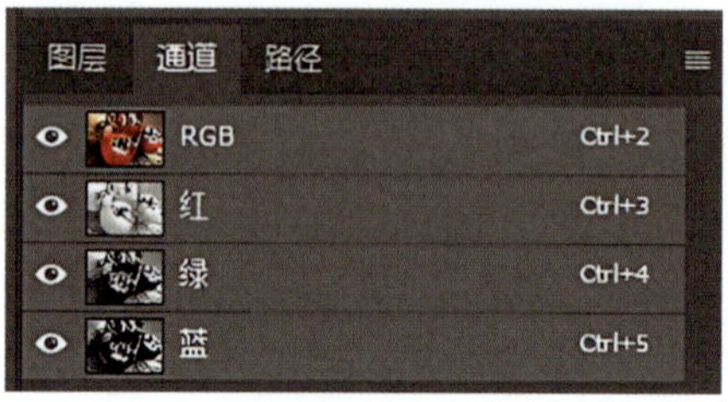

图7-1　PS的通道面板

通道控制面板底部是四个工具按钮，如图7-2所示。

图7-2　通道面板的工具按钮

“将通道作为选区载入”按钮：单击可将当前通道中的内容转换为选区。

“将选区存储为通道”按钮：单击可将图像中的选区作为蒙版保存到一个新建的Alpha通道。

“创建新通道”按钮：创建Alpha通道，拖动某通道至该按钮可以复制这个通道。

“删除当前通道”按钮：删除所选择的通道。

二、创建通道

单击通道控制面板右上方菜单图标，选择“新建通道”命令，会弹出“新建通道”对话框，如图7-3所示。

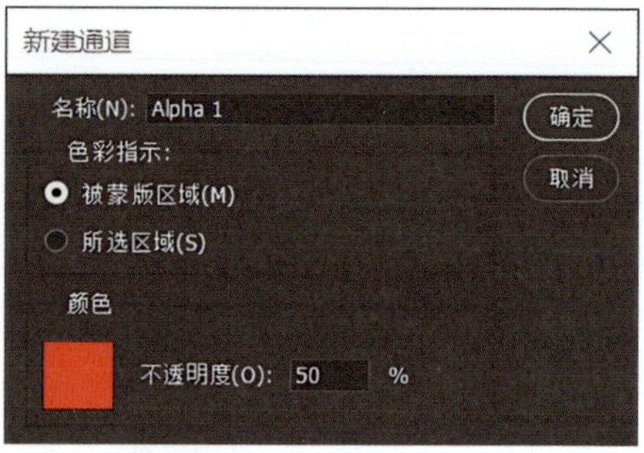

图7-3　新建通道

“名称”：指当前通道名称。

“色彩指示”：可选“被蒙版区域”和“所选区域”两种不同区域模式。

“颜色”：设定当前通道的颜色。

“不透明度”：设定当前通道的不透明度。

“确定”：单击创建该通道。

单击通道控制面板下方的“创建新通道”按钮，可快速创建新通道。

三、复制与删除通道

复制通道：可直接将需要复制的通道拖拽到通道控制面板下方的“创建新通道”按钮上进行复制。也可以右击该通道，在弹出的快捷菜单中选择“复制通道”或者选中需要复制的通道，单击通道控制面板右上方菜单图标，选择“复制通道”命令，会弹出“复制通道”对话框，如图7-4所示。

“复制……为”：设定新通道名称。

“文档”：用于复制通道的该文件来源。

删除通道：将需要删除的通道拖拽到通道控制面板下方的“删除当前通道”按钮上，进行删除。也可以右击该通道，在弹出的快捷菜单中选择“删除通道”。

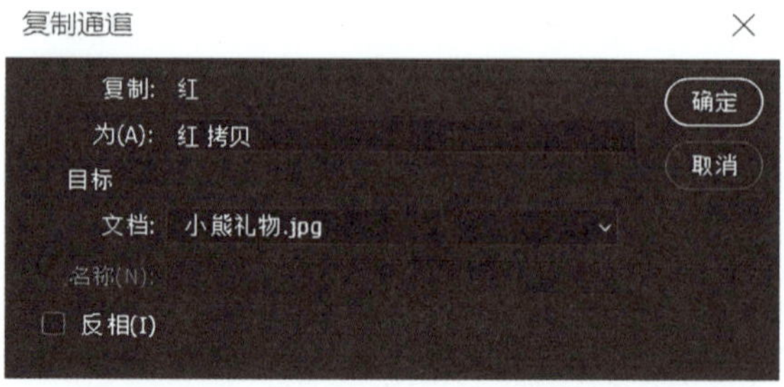

图7-4　复制通道

第二节　通道的蒙版

一、制作快速蒙版

（1）按Ctrl+O组合键，打开图片“摆件”，如图7-5所示。选择“快速选择工具”，属性栏设置如图7-6所示。

（2）对着图中小象摆件进行快速选择，如图7-7所示。单击通道面板下方“以快速蒙版模式编辑”按钮，进入快速蒙版状态，图像未选择区域变成半透明，如图7-8所示。“通道控制面板”中则生成快速蒙版图层，如图7-9所示。

（3）选择“画笔工具”，前景色设为黑色，可以对快速蒙版中透明区域进行修改，如图7-10所示。再次单击“以快速蒙版模式编辑”按钮，得到修改后的选区效果，如图7-11所示。

图7-5　打开图片“摆件”

图7-6　快速选择工具属性栏

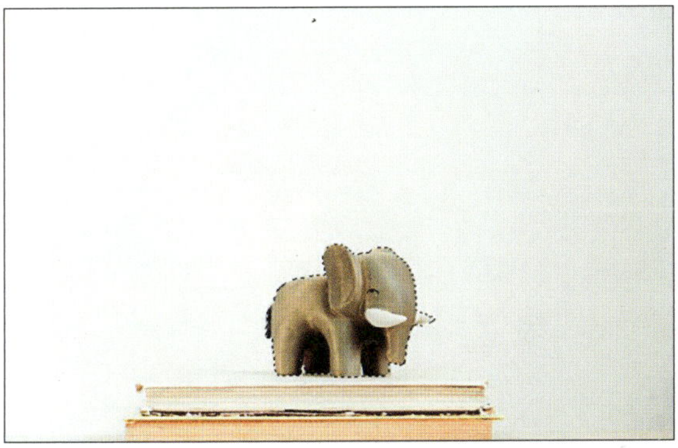

图7-7　快速选择

图7-8　快速蒙版状态

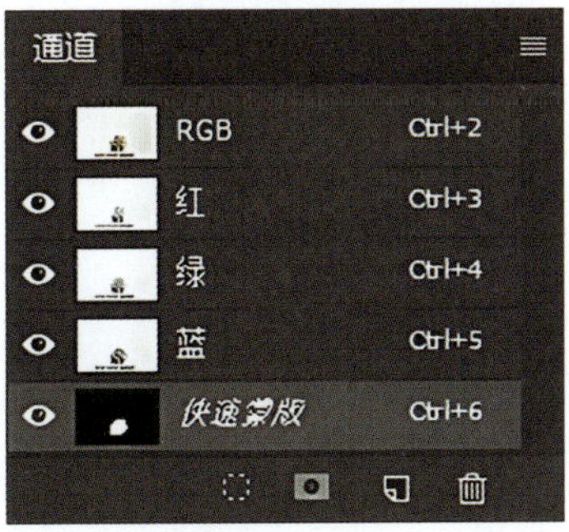

图7-9　通道面板

图7-10　修改蒙版区域

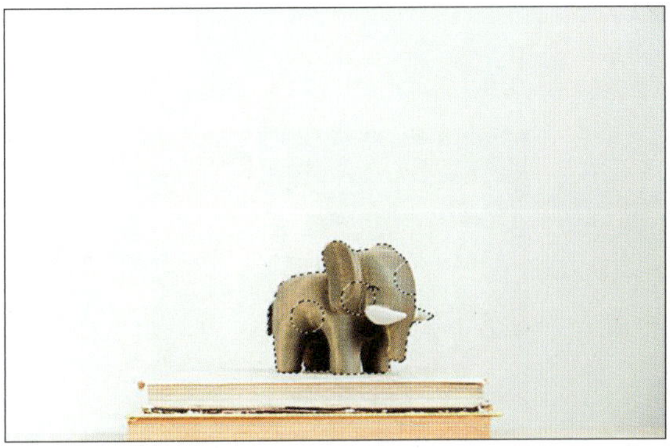

图7-11　快速蒙版效果

二、课堂案例——制作户外休闲公众号封面首图

案例学习目标：学习通道与选区之间的转换和使用。

案例知识要点：使用通道可以快速选出区域，图片最终效果如图7-12所示。

图7-12　制作户外休闲公众号封面首图

（1）按Ctrl+N组合键新建一个空白文件“户外公众号首图”，宽度为900像素，高度为383像素，分辨率为72像素／英寸，颜色模式为RGB。导入图片“背景.jpg”，缩放移动到合适位置得到“图层1”，如图7-13所示。

图7-13　打开素材“背景”

（2）打开图片“人物.jpg”，双击图层右侧挂锁解锁，单击“通道”面板，选择反差最大的“蓝”通道，将其拖曳到“创建新通道”按钮上，复制得到“蓝拷贝”，如图7-14所示。

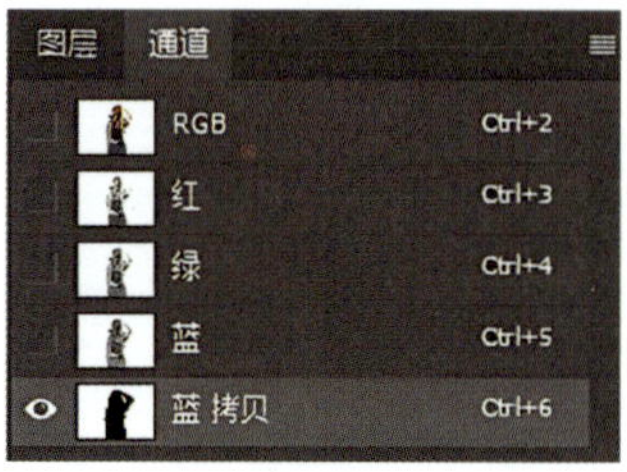

图7-14　复制通道

（3）选择“图像-调整-色阶”，输入色阶三个数值为“207，0.57，255”，如图7-15所示，点击确定，得到“蓝拷贝”效果如图7-16所示。

（4）选择“魔棒工具”，选择人物外的白色背景，按下“以标准模式编辑”按钮，进入快速蒙版模式，显示画面如图7-17所示。

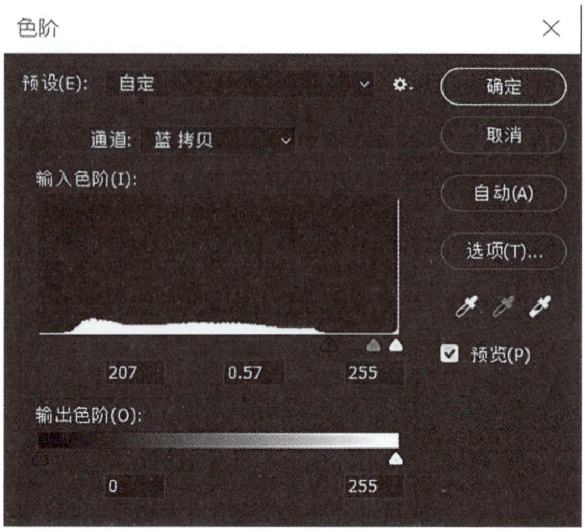

图7-15　调整色阶

图7-16　调整色阶效果

图7-17　快速蒙版模式

（5）点击“图层”面板，选择“画笔工具”，画笔颜色黑色，大小20像素，硬度100%，将人物手表的白色部分涂抹成红色，如图7-18所示。

（6）再次点击“以标准模式编辑”按钮退出标准模式，选择“图层0”，按Delete键删除白色背景，Ctrl+D取消选择，如图7-19所示。

（7）选择“选择-色彩范围”，点击图上白色部分，颜色容差25，如图7-20所示。点击确定，点击“以标准模式编辑”按钮，显示画面如图7-21所示。

（8）选择“画笔工具”，画笔颜色黑色，大小20像素，硬度100%，将人物手表的白色部分再次涂抹成红色，如图7-22所示。

（9）再次点击“以标准模式编辑”按钮退出标准模式，按Delete键删除选中部分，Ctrl+D取消选择，如图7-23所示。

（10）将“图层0”重命名为“人物”，并将“人物”图层拖拽到“户外公众号首图”，缩放并移动到合适位置，最终效果如图7-24所示。

图7-18　涂抹后效果

图7-19　删除背景

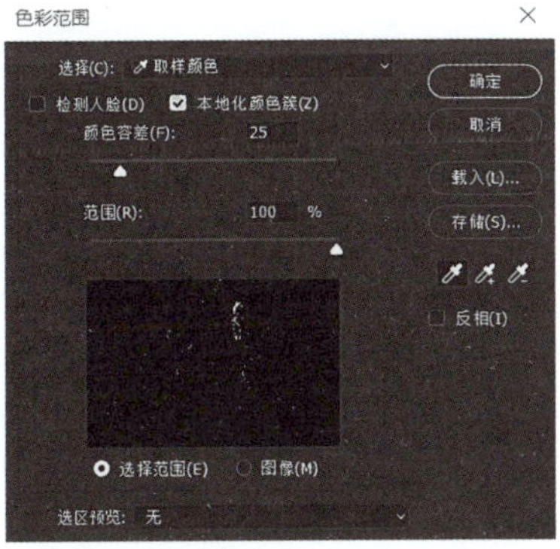

图7-20　调整色彩范围

图7-21　调整色彩范围效果

图7-22　涂抹后效果

图7-23　抠图效果

图7-24　最终效果

第三节 滤镜的应用

滤镜这个词来源于摄影，指可以模拟一些光照效果或特殊的纹理效果。Photoshop软件提供了强大的滤镜效果，可以使图片产生各种效果。滤镜的操作相对简单，但要使用得当就需要对滤镜进行充分的掌握。

单击“滤镜”菜单，弹出下拉菜单，如图7-25所示。

下拉菜单自上而下分为4个区域：

第一部分： 最近一次使用的滤镜，没有使用滤镜时此项为灰色，使用过任意一款滤镜后，只要选择此项滤镜或按下组合键Alt+Ctrl+F，就可以重复该滤镜。

第二部分： 转换为智能滤镜。智能滤镜可以随时对已产生效果的滤镜进行修改操作。

第三部分： 6种Photoshop滤镜。

第四部分： 11种Photoshop滤镜组。

一、滤镜库

选择“滤镜-滤镜库”命令，弹出“滤镜库”对话框，如图7-26所示。对话框左边一栏为预览框，可以预览滤镜应用后的效果。中间一栏为滤镜库列表，可以看到是由包含了许多滤镜的滤镜组成。右边一栏为滤镜参数设置栏，可以调整和设置具体的滤镜参数。

选择“强化的边缘”滤镜，单击右下角“新建效果图层”按钮，会出现新的效果图层，选择“深色线条”滤镜，得到叠加的效果如图7-27所示。

二、杂色滤镜

杂色滤镜可以在图像上随机添加杂色点，还可以淡化一些杂色点，杂色滤镜菜单命令如图7-28所示，使用效果如图7-29所示。

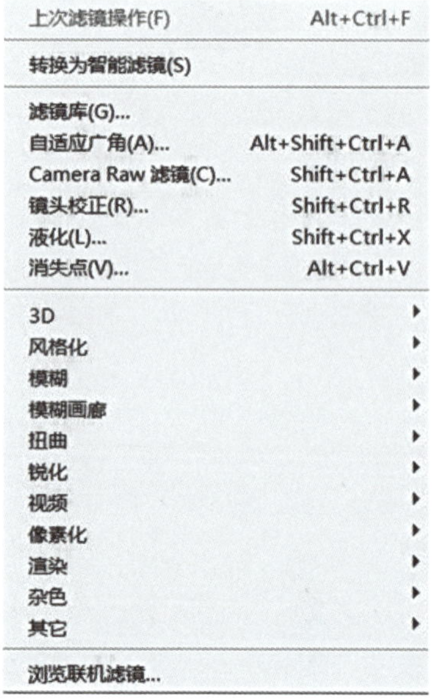

图7-25 滤镜菜单

图7-26 滤镜库

图7-27 “强化的边缘”滤镜

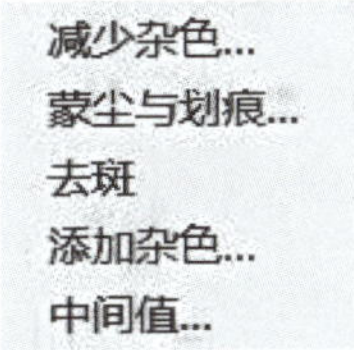

图7-28 杂色滤镜菜单

图7-29 杂色滤镜效果

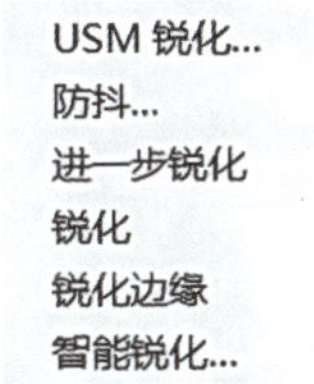

图7-30 锐化滤镜菜单

三、锐化滤镜

锐化滤镜可以使图像的清晰度提升。锐化滤镜菜单命令如图7-30所示，使用效果如图7-31所示。

四、课堂案例——制作运动公众号封面首图

案例学习目标：学习锐化滤镜组的使用，最终效果如图7-32所示。

（1）按Ctrl+N组合键新建一个空白文件“运动公众号首图”，宽度为900像素，高度为383像素，分辨率为72像素 / 英寸，颜色模式为RGB。导入图片“运动公众号.jpg”，缩放移动到合适位置得到“图层1”，如图7-33所示。

（2）选择“图层1”，点击“滤镜-锐化-USM锐化”，在弹出菜单选择“转换为智能对象”，设置“数量：94%，半径：6像素”，如图7-34所示。

（3）选择文字工具，设置大小为120点，在合适位置输入“运动”，右键选择“混合选项-投影”，

图7-31 锐化滤镜效果

图7-32 制作运动公众号封面首图

图7-33 导入素材

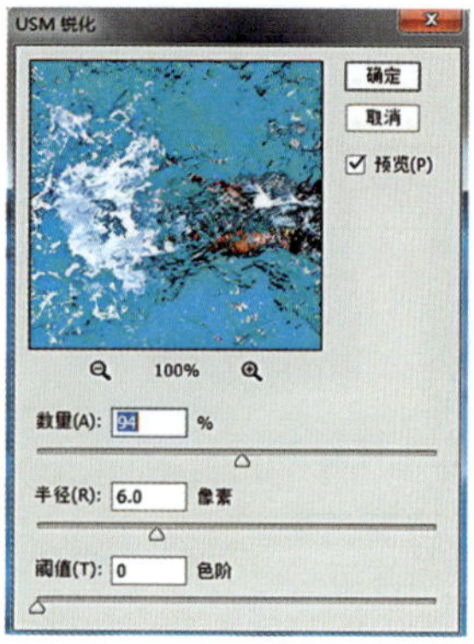

图7-34　USM锐化

图7-35　最终效果

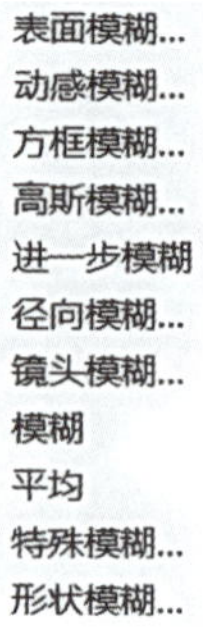

图7-36　模糊滤镜菜单

设置为“正片叠底，不透明度：70%，角度133度，距离3像素，大小3像素”，点击确定。选择文字工具，设置大小为80点，在合适位置输入“激发无限潜能”。将文字层“运动”的图层样式拷贝到文字层“激发无限潜能”上，得到效果如图7-35所示。

五、模糊滤镜

模糊滤镜可以使图像产生模糊效果。模糊滤镜菜单命令如图7-36所示，使用效果如图7-37所示。

六、模糊画廊滤镜

模糊画廊滤镜使用图钉或路径来定位，制作画面的模糊效果。模糊画廊滤镜菜单命令如图7-38所示，使用效果如图7-39所示。

七、课堂案例——制作服装公众号封面首图

案例学习目标：学习光圈模糊滤镜的使用，最终效果如图7-40所示。

图7-37　模糊滤镜效果

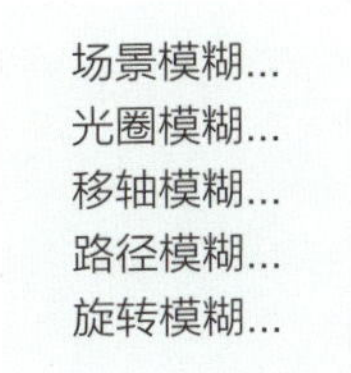

图7-38　模糊画廊滤镜菜单

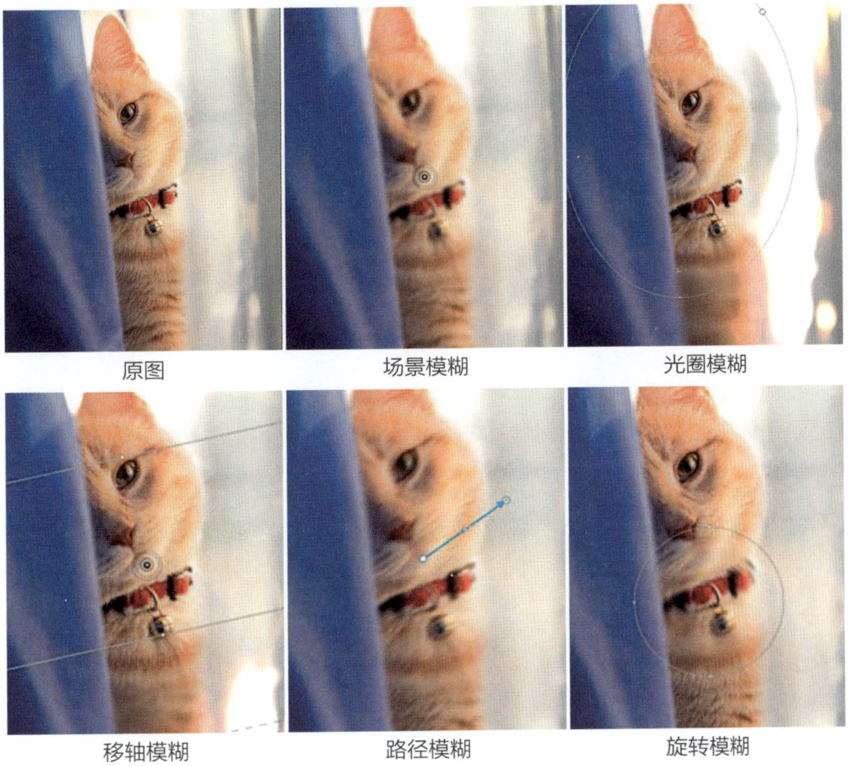

图7-39　模糊画廊滤镜效果

（1）按Ctrl+N组合键新建一个空白文件“服装公众号首图”，宽度为900像素，高度为383像素，分辨率为72像素 / 英寸，颜色模式为RGB。导入图片“服装公众号.jpg”，缩放移动到合适位置得到“图层1”，如图7-41所示。

（2）选中“图层1”，选择“滤镜-转换为智能滤镜”，再选择“滤镜-模糊画廊-光圈模糊”，设置模糊为5像素，并在预览图上调节模糊效果的大小与位置，调整后点击确定，如图7-42所示。

（3）选择文字工具，设置大小为100点，在合适位置输入“秋季上新”，右键选择“混合选项-外发光”，设置为“混合模式：正常，不透明度：70%，颜色白色，扩展：10%，大小：3像素”，点击确定。得到最终效果如图7-43所示。

图7-40　制作服装公众号封面首图

图7-42　光圈模糊

图7-41　打开素材“服装公众号”

图7-43　最终效果

八、渲染滤镜

渲染滤镜可以产生不同的光源效果和渲染效果。渲染滤镜菜单命令如图7-44所示，使用效果如图7-45所示。

火焰...
图片框...
树...

分层云彩
光照效果...
镜头光晕...
纤维...
云彩

图7-44　渲染滤镜菜单

九、像素化滤镜

像素化滤镜可以使图像平面化。像素化滤镜菜单命令如图7-46所示，使用效果如图7-47所示。

十、课堂案例——制作磨砂玻璃效果图

案例学习目标：学习滤镜库的使用，效果如图7-48所示。

（1）按Ctrl+O组合键打开素材文件“鱼.jpg”，Ctrl+J复制图层得到“图层1”，点击“滤镜”-“模糊”-“高斯模糊”，设置模糊半径为18像素，点击确定，效果如图7-49所示。

（2）点击“滤镜”-“杂色”-“添加杂色”，设置杂色数量为10，点击确定，效果如图7-50所示。

（3）点击“滤镜”-“滤镜库”-“扭曲”-“玻璃”，设置扭曲度：12，平滑度：5，缩放：100%，如图7-51所示，点击确定，得到最终效果如图7-52所示。

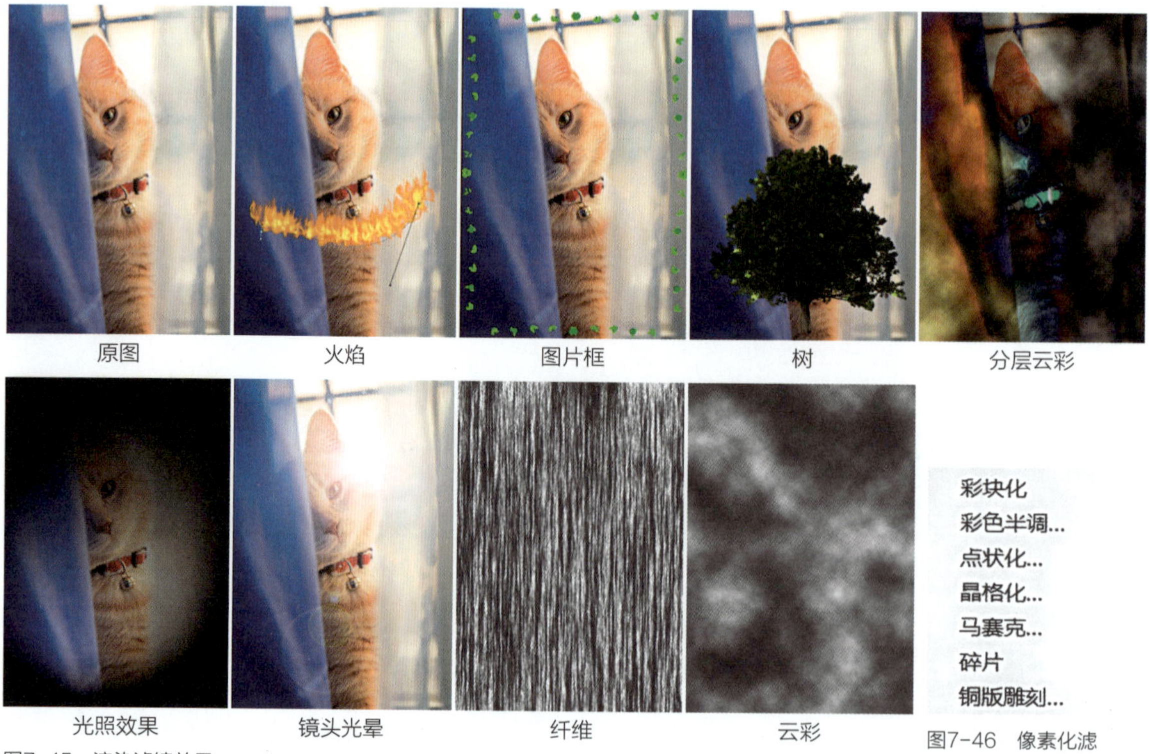

图7-45　渲染滤镜效果

彩块化
彩色半调...
点状化...
晶格化...
马赛克...
碎片
铜版雕刻...

图7-46　像素化滤镜菜单

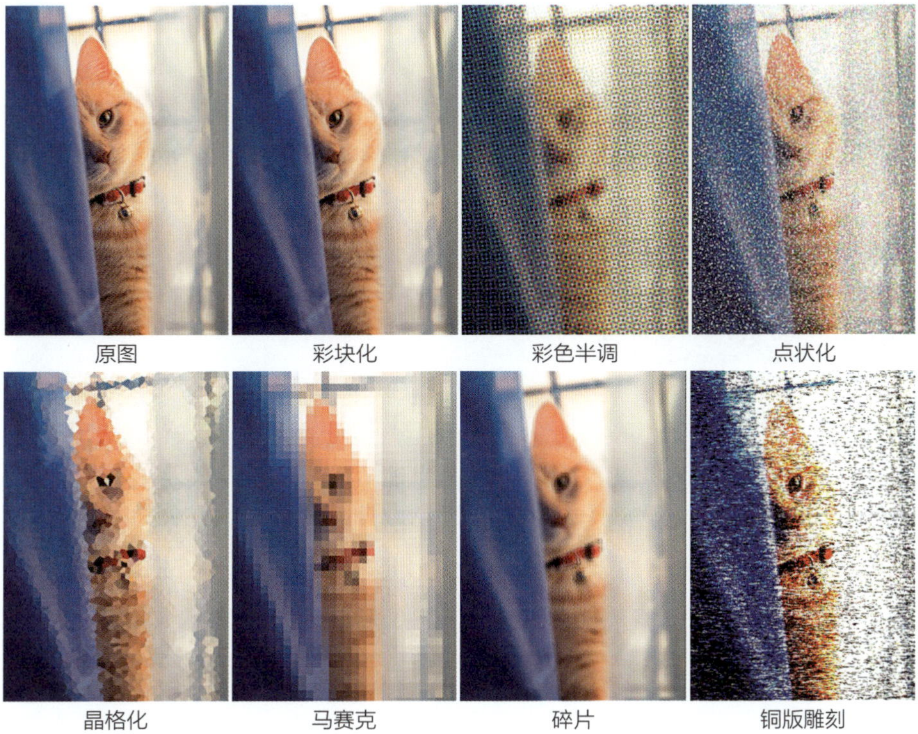

图7-47　像素化滤镜效果

图7-48　制作磨砂玻璃效果图

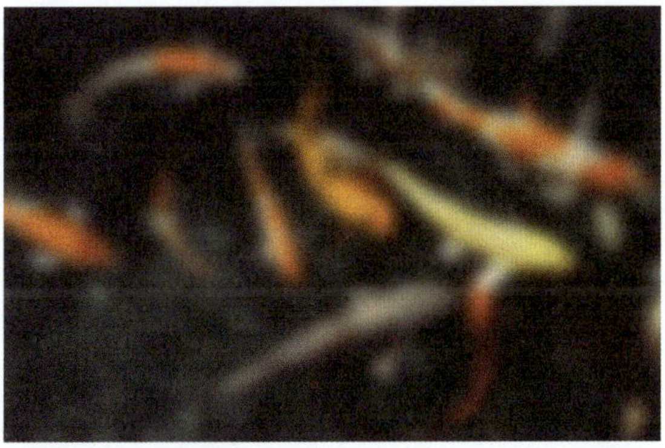

图7-50　添加杂色效果

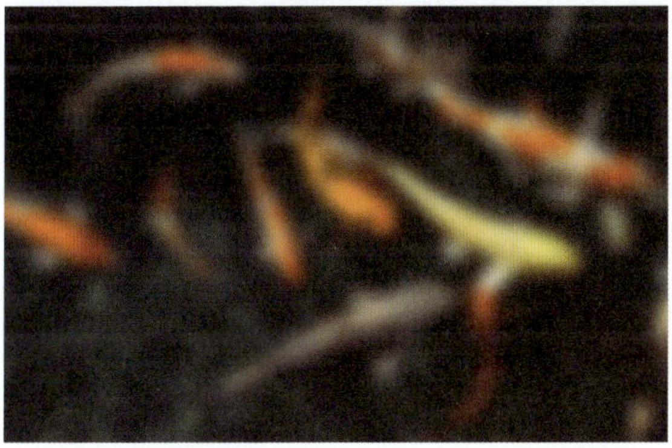

图7-49　高斯模糊效果

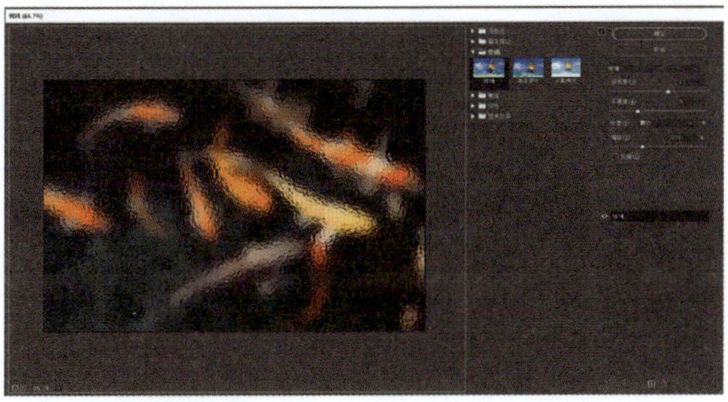

图7-51　玻璃滤镜

图7-52　最终效果

十一、扭曲滤镜

扭曲滤镜可以使图像产生扭曲变形。扭曲滤镜菜单命令如图7-53所示，使用效果如图7-54所示。

波浪...
波纹...
极坐标...
挤压...
切变...
球面化...
水波...
旋转扭曲...
置换...

图7-53　扭曲滤镜菜单

十二、风格化滤镜

风格化滤镜可以将图像转变为各种风格强烈的效果。风格化滤镜菜单命令如图7-55所示，使用效果如图7-56所示。

图7-54　扭曲滤镜效果

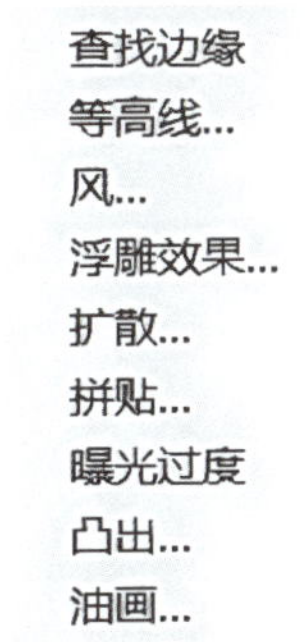

图7-55　风格化滤镜菜单

原图　查找边缘　等高线　浮雕效果

扩散　拼贴　曝光过度　凸出　油画

图7-56　风格化滤镜效果

第四节　滤镜的使用技巧

重复使用滤镜

按Ctrl+F组合键可以重复之前使用的滤镜，使油画滤镜设置如图7-57所示，重复使用滤镜后效果如图7-58所示。

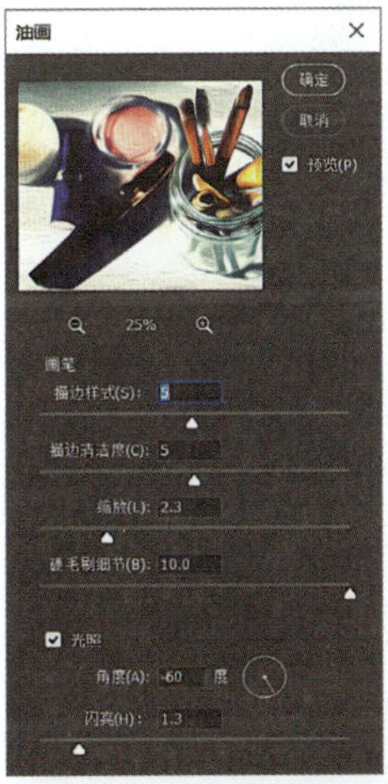

图7-57　油画滤镜

图7-58　重复使用滤镜效果

本章总结

本章以案例结合知识点的方式介绍了滤镜以及滤镜库的使用。通过本章的学习，读者能够体会不同滤镜的效果和特点，为使用Photoshop软件创作出更丰富多样的图形图像处理效果奠定了基础。

课后作业

制作美妆App界面

案例学习目标：学习多种滤镜的结合使用，效果如图7-59所示。

（1）按Ctrl+N组合键新建一个空白文件“美妆App

界面”，宽度为720像素，高度为1080像素，分辨率为72像素 / 英寸，颜色模式为RGB。设置前景色为浅粉色“#ffe4e3”，在背景层填充前景色，如图7-60所示。

（2）新建空白图层，选择矩形工具，设置填充颜色为深粉色“#eb6877”，绘制一个矩形，如图7-61所示。

（3）新建空白图层，选择圆角矩形工具，设置填充颜色为深黄色“#d1c0a5”，半径25像素，绘制一个圆角矩形，如图7-62所示。

（4）新建空白图层，选择圆角矩形工具，设置填充颜色为深蓝色“#272f5e”，半径10像素，绘制一个圆角矩形，按Alt键同时用鼠标拖动这个圆角矩形，可以进行复制并移动，重复操作，得到两个复制出的圆角矩形，如图7-63所示。

（5）导入图片“香水”“口红”“香水2”“化妆品”，调整每张图片位置和大小，依次将图片放置在对应的圆角矩形上层，右键图片层选择“创建剪贴蒙版”，效果如图7-64所示。

（6）对“香水”“香水2”“化妆品”使用“滤镜-锐化-USM锐化”，设置数量：94%，半径：6像素。对“口红”使用“滤镜-锐化-锐化边缘”，效果如图7-65所示。

（7）使用“横排文字工具”输入相应文字和符号，设置套系颜色，对其中“美妆”“热销爆款”“<”使用“混合选项-描边”来加粗。使用“椭圆工具”绘制圆点，设置套系颜色，并按Alt键复制若干排列放置，最终效果如图7-66所示。

图7-59　制作美妆App界面

图7-60　填充颜色

图7-61　绘制矩形

图7-62　绘制圆角矩形

图7-63　绘制并复制圆角矩形

图7-64　创建剪贴蒙版后效果

图7-65　锐化边缘后效果

图7-66　最终效果

思考拓展

制作长虹玻璃家居效果图

通过结合滤镜与背景，制作长虹玻璃家居效果图，效果如图7-67所示。

图7-67　制作长虹玻璃家具效果图

课程资源链接

课件、拓展资料

第八章 应用图标设计

本章主要介绍应用图标的相关知识点，全章共设计两个学习任务，通过本章的学习，读者能够对应用图标的基本概念有较为清晰的了解，能够识别图标的常见分类类型，能够掌握图标设计的基本原则。通过任务实践练习，能够掌握图标绘制的基本技能，具备一定图标设计能力，提升设计技能。

知识目标

（1）掌握渐变工具组使用。

（2）掌握图标设计绘制思路。

（3）掌握图层混合选项编辑内容。

能力目标

（1）能独立完成图标绘制。

（2）能掌握扁平风图标设置。

（3）能独立使用PS的工具绘制常见图标。

第一节　知识储备——图标设计概述

一、什么是图标

图标作为一种视觉语言符号，广义上指具有指代意义的图形符号，且有高浓度并快捷传达信息及便于记忆的特性。常见的如指示方向的导视系统标志、指示动向的交通标志、表示医院、银行、体育馆等应用图标标志等。图标的英文单词可以叫Icon，也可以叫Pictogram。图标的含义范围比较广泛，比如我们看到的各个国家的国旗，书写的字体等。消防安全疏散图标等都属于图标的范畴，图标和文字一样，含有某种意义或功能。图标就是一种符号，代表某个对象的符号且具有一定象征性。如图8-1～图8-3所示。

二、图标的分类

1. 基于功能来划分图标类型

解释性图标：此类别图标主要用于阐明信息、释义特定功能或者内容类别的视觉标记。

交互图标：可以被用户点击，执行特定的指令操作，触发产品的功能，具有交互特点。如图8-4、图8-5所示。

装饰和娱乐用图标：此类型图标注重APP界面的视觉美感，较为符合应用受众的审美期望，增加用户体验产品的积极性，基于这一目的，图标本身的功能性作用表现不明显。

应用图标：应用图标是不同数字产品在各个操作系统平台上的入口和品牌展示用的标识，它是这个数字产品的身份象征。如图8-6所示。

Favicon：Favicon有时候也被成为URL图标，它是在网页的标签中显示的可识别性小图标。它同样代表着网页，是用户在网页和浏览器当中快速定位的视觉识别标识。Favicon同样是身份识别用的图标，并且在网页的宣传和推广以及视觉识别上都有重要的意义。

2. 基于视觉特征来划分的图标类型

字符图标：字符图标同字母、数字和图形，蕴含了更加丰富的内容，具有清晰的识别度，使用场景具有灵活性。如图8-7所示。

扁平和半扁平图标：扁平化的图标设计比起字符图标就要复杂得多，其中增加了色彩和其他元素的填充，比起近乎由轮廓和笔画构成的字符图标，扁平的图标更加专注于清晰而直观的视觉信息传达。如图8-8所示。

拟物化图标：拟物化图标与扁平化图标差异性

图8-1　医院图标

图8-2　银行图标

图8-3　指示图标

图8-4　交互图标（1）

图8-5　交互图标（2）

图8-6　应用图标

图8-7　字符图标

图8-8　扁平和半扁平图标

图8-9　拟物化图标图标

较大，该类图标所传递的信息元素进行融合，体现元素的外观形式、材质纹理、明暗光影，具有拟真性特点。目前该类图标主要运用于游戏设计和游戏类产品的图标设计当中。如图8-9所示。

SVG图标：SVG图标现在越来越受欢迎，它很大程度上降低了跨平台、跨屏幕设计的时候图标显示上的兼容性问题。

3. 基于图像隐喻来划分的图标类型

基于图像隐喻来划分的图标类型有相似图标、参考性图标、随意式图标。

三、图标设计原则

图标设计过程中应遵循可识别性原则、差异性原则、风格统一性原则、与环境的谐调性及原创性原则。

第二节　项目一——UI图标制作

一、项目引入

应用图标直是UI设计中很重要的部分之一，是应用软件的主要入口，代表着一个产品的视觉形象。作为设计从业者，在设计工作领域中经常需要思考怎么做出好看、差异化的图标。图标为什么这么重要？图标怎么做的好看？如何配色才能体现图标的差异性？UI图标设计的效果是如何表现的？本节通过实操演练的方式讲授具有渐变效果的UI图标的绘制操作。实操任务中涉及的知识点包含HSB调色方法讲解、椭圆工具的训练、渐变工具组中径向渐变、角度渐变及渐变编辑器的设置方法。读者在训练过程中要把控渐变效果的调试，做到半圆效果与角度渐变效果之间色彩和谐统一。

二、项目实施

制作前准备新建画布，使用标尺工具设置新建参考线面板，运用渐变工具，制作光晕效果背景，增强UI图标画面效果。

角度渐变效果和半圆效果的制作是整个UI图标为核心部分。首先选择椭圆工具制作正圆作为图标主要图形，再通过半圆效果的制作，完成由半圆顺方向顺时针的渐变效果。再通过椭圆工具制作半圆边框来完善图标基本形状。

最后添加立体效果来增强图标的艺术效果。

三、项目演示

案例学习目标：掌握UI图标渐变效果绘制

案例知识要点：掌握渐变工具的灵活运用，掌握框选工具组的运用

（1）执行“新建”按钮，选择Web最小尺寸1024×768像素，方向选择“横向”，勾选掉“画板”按钮，其他设置保持默认，点击“创建”。如图8-10所示。

（2）执行Ctrl+R组合键调出标尺工具，点开“视图”视图(V)工具栏，执行“新建参考线面板”，勾选“列”“行数”，数值均设置为2，装订线均为0像素，如8-11所示。

（3）点击前景色，弹出“拾色器（前景色）”，设置B亮度参数值为5，如图8-12所示；点击背景

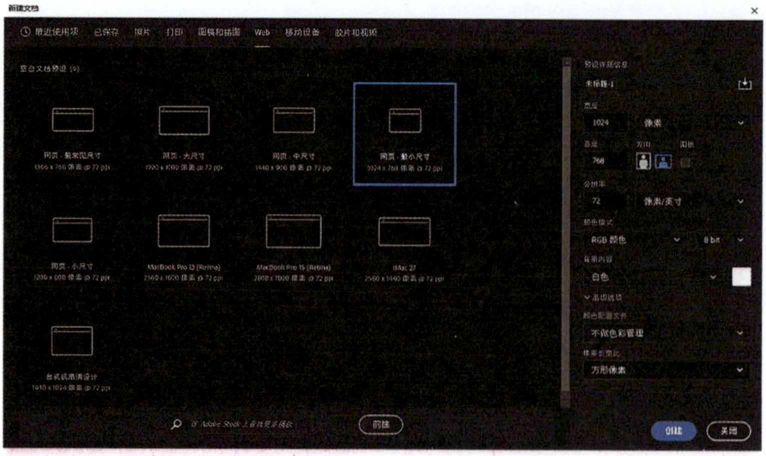

图8-10　新建画布界面

色，弹出“拾色器（背景色）”，设置B亮度参数值为15，如图8-13所示。

（4）制作背景光晕效果。执行渐变工具，上方导航栏里选择“径向渐变”，勾选“反向”，如图8-14所示；沿着辅助线十字交叉中心点向右侧拖动，得到中心亮到四周暗的光晕效果的背景，最终效果如图8-15所示。

（5）制作角度渐变效果。执行“渐变”工具，其中渐变工具分为线性渐变、径向渐变、角度渐变、对称渐变、菱形渐变，在点击渐变选项栏颜色调框，弹出“渐变编辑器”，双击左侧色标，弹出“拾色器（色标颜色）”，设置HSB参数分别为：H：278；S：89；B：95；执行“确定”。删除原右侧黑色色标，将左侧上一步设置好的色标，按Alt键，复制到右侧，双击右侧色标，弹出“拾色器（色标颜色）”，设置HSB参数分别为：H：278；S：9；B：95；点击“确定”。新建图层，执行椭圆选框工具，按住Alt+Shift键绘制正圆。执行“渐变工具”，选择“角度渐变”，去掉“反向”勾选。按住Shift键沿垂直向上方向绘制渐变，按快捷键Ctrl+D组合取消当前选取；效果如图8-16所示。

（6）制作半圆效果。新建新图层，在图8-17位置处新建参考线，约中点位置。执行椭圆选框工具，沿新建参考线中心点处，按住Alt+Shift组合键绘制正圆如图8-18所示。

点击“前景色”，拾取角度渐变效果颜色最深的颜色，按Alt+Delete组合键执行前景色填充。选

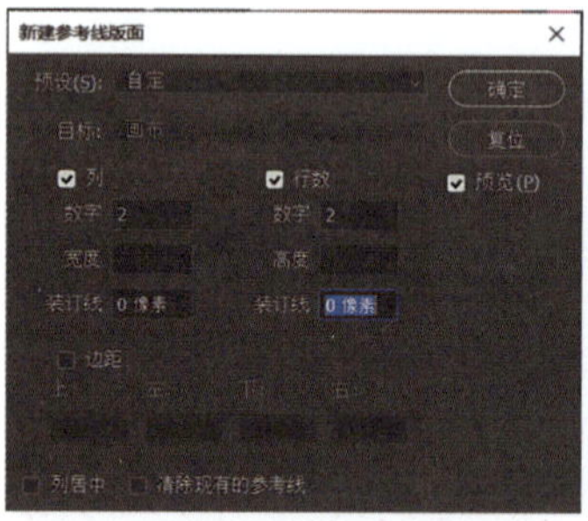

图8-11　参考线版面参数设置

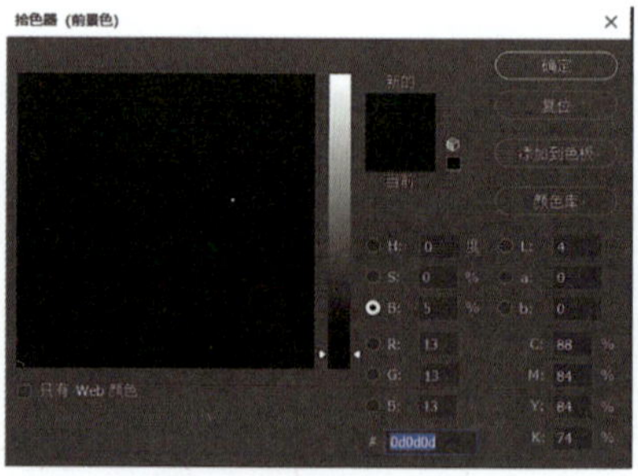

图8-12　前景色设置参数

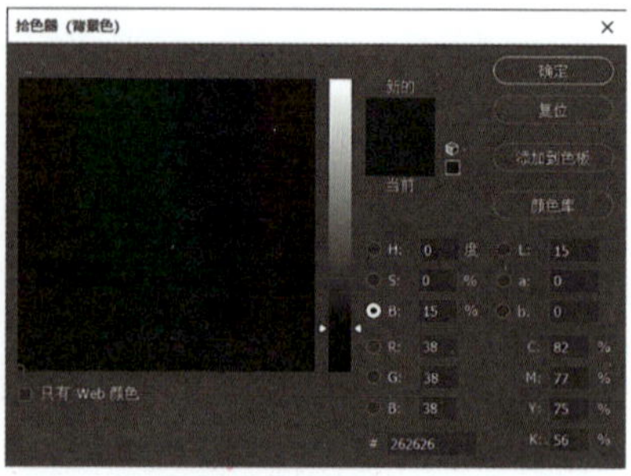

图8-13　背景色设置参数

图8-14　渐变工具 导航栏指令

图8-15　光晕背景

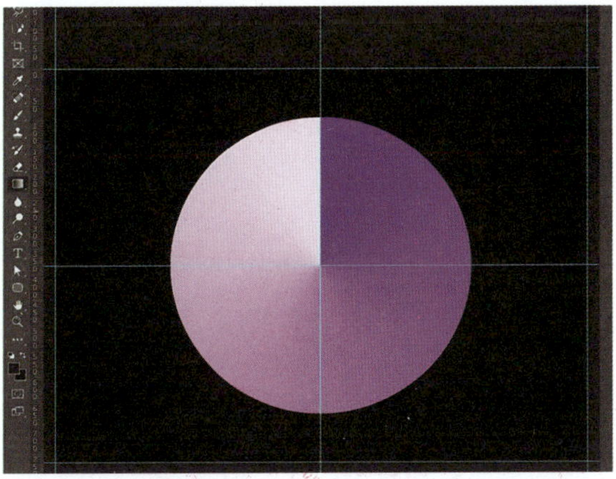

图8-16　角度渐变效果

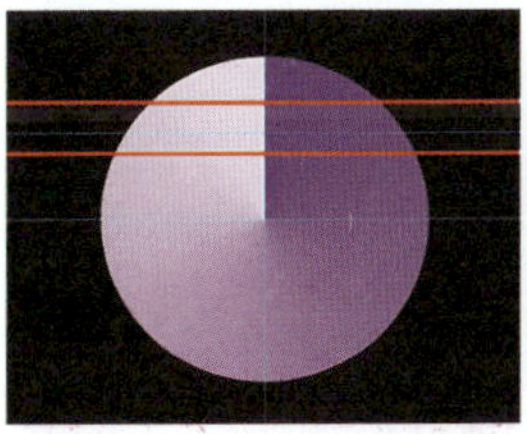

图8-17　参考线位置（1）

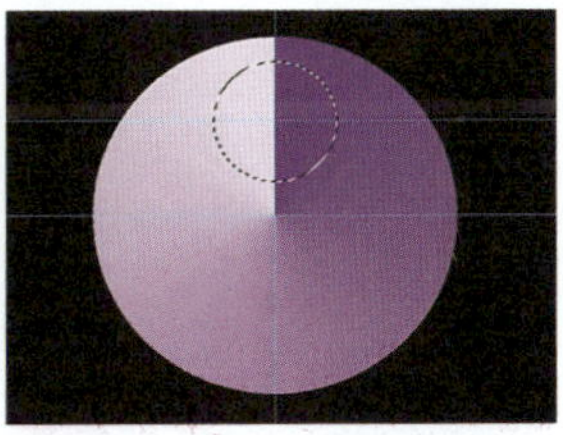

图8-18　参考线位置（2）

择矩形选框工具，框选上一个绘制圆形的右边部分，按“Delete”删除右侧填充。按Ctrl+H组合键隐藏参考线。效果图8-19所示。

（7）制作边框。新建新图层，按Ctrl+H组合键显示参考线，执行椭圆选框工具，沿原参考线中心点处，按住Alt+Shift组合键绘制正圆，绘制的正圆选取范围略大于原来图像，点击背景色，弹出背景色拾色器，调整S数值为0，如图8-20所示，并点击“确定”按钮。按Ctrl+Delete组合键填充背景色，如图8-21所示。

按快捷键Ctrl+D组合取消当前选区，再次执行椭圆选框工具，沿原参考线中心点处，按住Alt+Shift组合键绘制正圆，绘制的正圆选取范围略小于原来图像，按“Delete”删除选取内填充内容，

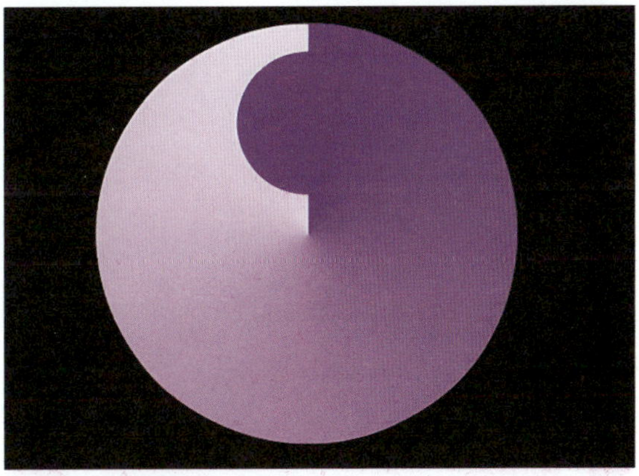

图8-19　半圆效果

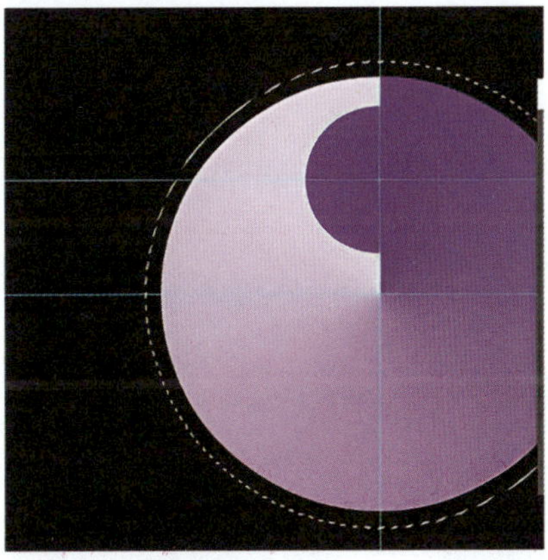

图8-20　边框选区

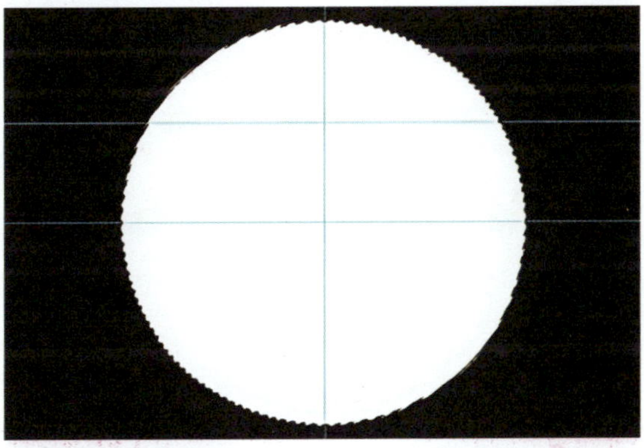

图8-21　边框填充

按Ctrl+H组合键隐藏参考线。执行选择工具选择上一步绘制的半圆图层，将半圆向上调整，最终效果如图8-22所示。

（8）制作中心圆环。按Ctrl+H组合键显示参考线，执行椭圆选框工具，沿原参考线中心点处，按住Alt+Shift组合键绘制正圆，绘制的正圆的半径与半圆底部相切，按Ctrl+Delete填充背景色，再次按Ctrl+H组合键隐藏参考线，效果如图8-23所示。

（9）添加立体效果。双击“图层1”弹出图层样式对话框，勾选投影，点击“投影”对话框，将不透明度数值设置为35，角度设置为114，距离设置为45，扩展设置为36，大小设置为24，如图8-24所示。

双击“图层3”弹出图层样式对话框，勾选投影，点击“投影”对话框，将不透明度数值设置为35，角度设置为114，距离设置为16，扩展设置为36，大小设置为16，如图8-25所示。

双击“图层4”弹出图层样式对话框，勾选投影，点击“投影”对话框，将不透明度数值设置为21，角度设置为114，距离设置为16，扩展设置为16，大小设置为4，如图8-26所示。

双击“图层4”弹出图层样式对话框，勾选内发光，点击“内发光”对话框，将混合模式设置为正片叠底，将不透明度数值设置为12，颜色设置为黑色，阻塞设置为33，大小设置为46，范围设置为53，如图8-27所示。

鼠标右键点击内发光图层效果，弹出弹框，选择“创建图层”，如图8-28所示将内发光图层设置为独立图层。如图8-29所示。

选择“图层2”的发光图层，点击左侧前景色背景色色卡，，还原前景色为黑色，背景色为白色设置，点击双向剪头，设置前景色为白色，背景色为黑色。选择画笔工具，将调节画笔

图8-22　边框裁剪效果

图8-23　中心圆环

图8-24　投影效果

图8-25　圆环效果

图8-26　投影效果参数设置

图8-27　设置内发光效果

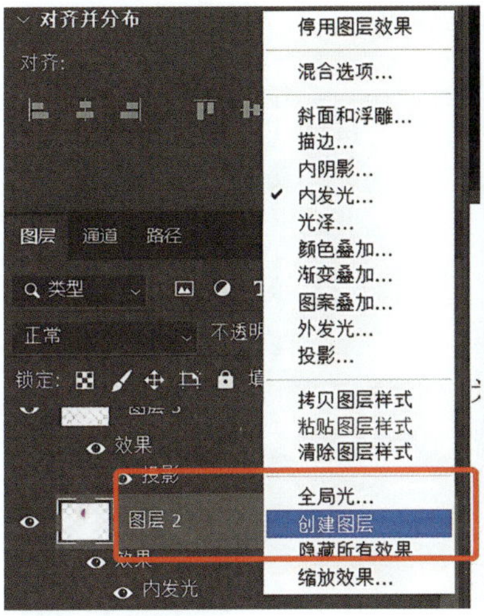

图8-28　创建图层

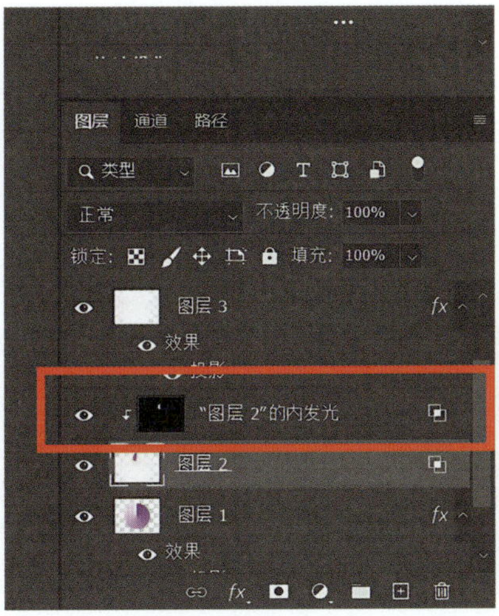

图8-29　独立图层效果

图8-30　案例完成

的硬度为15左右，使用白色涂抹半圆右侧，效果如图8-30所示。

（10）执行“文件”“存储”命令，弹出“存储”对话框，选择文件存储位置，单击“确定”按钮，结束制作。

四、项目评价

UI图标的制作从视觉效果上看需要有一个规范的外形尺寸，规范的图形便于控制绘制的大小、结构比例。同时，图标的渐变设计遵循同一设计色调一致、立体效果一致的原则。内部图形运用到的圆形、半圆等几何图形的表现尺度合适，视觉效果更加深刻，更具美感。渐变效果的制作与阴影结合使图标的造型感更加清晰，借助几何元素叠加背景添加阴影的方式形成的立体渐变效果，使图标的设计层次更加丰富、立体感更加强烈。

五、工具使用

本案例主要使用渐变工具、标尺工具、颜色填充、图层样式等工具组搭配完成，其中渐变工具主要用于完成UI图标的渐变效果的制作，标尺工具主要运用于图标图形的尺度规范的制作，颜色填充主要用于图标效果的最终表现。在使用渐变工具制作角度渐变效果时，要具备一定的调色基础及操作渐变编辑器的技能，理解色调调整的基本方法，注重UI图标的整体效果。

第三节 项目二 ——扁平风柠檬图标绘制

一、项目引入

扁平化设计风格也称简约设计风格、极简设计风格，力求去除冗余的装饰效果，在设计上追求二维效果，所以在设计时与拟物化风格完全相反，去掉大量的修饰，远离写实主义，通过抽象、简化或符号化的设计手法将其表现出来。

二、项目实施

制作前准备新建画布，使用标尺工具设置新建参考线面板，使用框选工具、再制工具制作柠檬内部结构。

绿色柠檬叶片的绘制突出扁平风图标的设计效果，通过简洁的椭圆形设计变形，体现极简主义的设计理念。通过简单的图形达到设计目的，对相似的集合元素，分别用绿色和柠檬黄颜色填充来区分柠檬的结构特征，简化叶片的和内部轮廓的结构，以达到极简效果。

图标图案完成添加阴影效果，增强图标表现效果。

三、项目演示

案例学习目标： 掌握扁平风图标制作思路，掌握图片扭曲效果的操作。

案例知识要点： 使用填充工具，再制工具的使用、旋转复制工具。

（1）执行“新建”按钮，选择“WEB”最小尺寸，更改宽度尺寸为800，高度尺寸为800，勾选掉“画板”，点击“创建”，如图8-31所示。

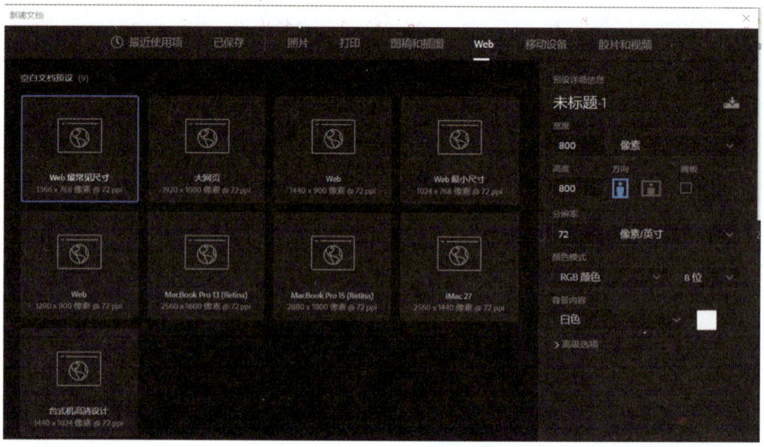

图8-31 新建画布

（2）执行Ctrl+R指令，打开标尺工具，沿着水平竖直方向中点处，各做一条辅助线，如图8-32所示。

（3）首先新建图层，执行“椭圆工具”，拾取到辅助线中心，配合Alt+Shift作正圆选取。点击前景色弹出拾色器对话框，如图8-33所示。设置参数为H：56，S：83；B：93，将前景色设置为柠檬黄。执行Alt+Ctrl完成前景色填充。如图8-34所示。

图8-32 制作辅助线

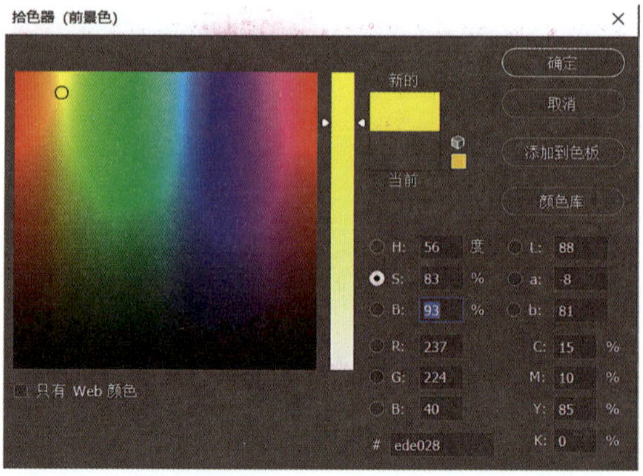

图8-33 拾色器参数设置

（4）首先新建图层，执行“框选工具”，在画布任意位置绘制矩形，沿着中心移动辅助线的中心点上，打开背景色，调整一个颜色进行填充、如图8-35所示。

（5）点击绿色矩形图层，执行Ctrl+T自由变换工具。将矩形中心点与辅助线的中心点对齐。在自由变换工具选项栏中，把角度设置为36° 。然后同时按住Ctrl+Alt+Shift+T执行再制定指令，这里可以理解为将36度的线进行旋转复制的操作。按住Ctrl+Alt+Shift不动，依次点击T，将圆形等分为10份即可。如图8-36所示。

（6）同时按住Ctrl键，点击绿色矩形图层，此时窗口中矩形会以框选的形式显示，再选择黄色正圆的图层，点击Delete删除，再将绿色矩形涂图层删除。将得到图示效果。如图8-37所示。

（7）选择连接中心线的一片柠檬，作参考线，新建图层，再选择椭圆工具绘制椭圆。如图8-38所示。

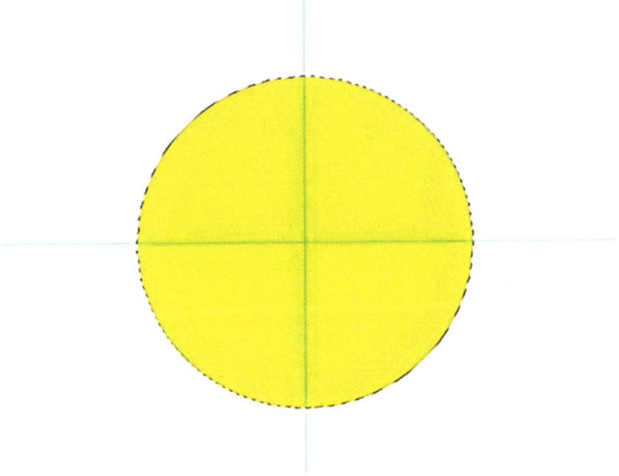

图8-34　填充效果

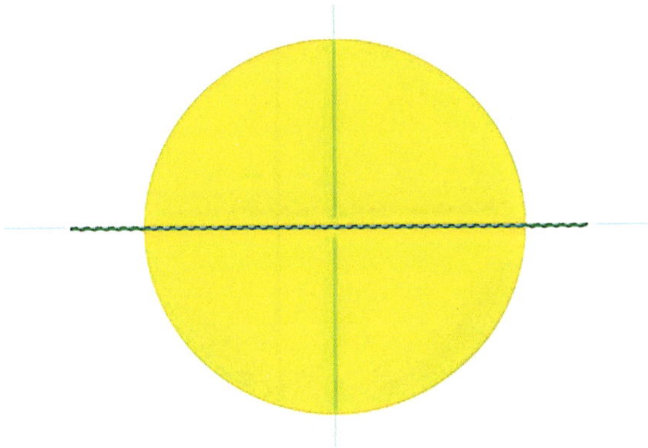

图8-35　矩形选框

图8-36　矩形“再制”指令

图8-37　矩形“再制”效果

图8-38　椭圆

（8）选择椭圆，执行矩形框选，将椭圆的下半部去除，如图8-39所示。选择椭圆结构，同时按住Ctrl+Alt+Shift+T。再制9分弧形围边。如图8-40所示。

（9）制作绿叶效果。新建图层，执行椭圆选框工具，点击背景色色卡，弹出“拾色器（背景色）”，设置H参数为148，S参数为92，B参数为63，按Ctrl+Delete组合键进行背景色填充，执行Ctrl+自由变换，右键执行变形工具，调整角点进行变形动作的编辑，如图8-41所示。

（10）将绿色选取的图层移动至柠檬图层之下，如图8-42所示。执行 矩形选框工具，选中绿色中心线以下部分，按Delete删除，如图8-43所示。再次新建图层，执行椭圆选框工具，按Alt+Shift沿中心点作正圆选区，选区范围略大于柠檬，填充白色，效果如图8-44所示。

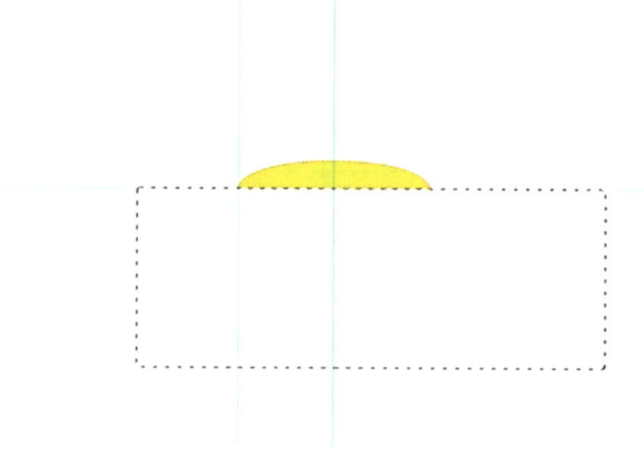

图8-39　椭圆裁切一半效果

图8-40　“再制”效果

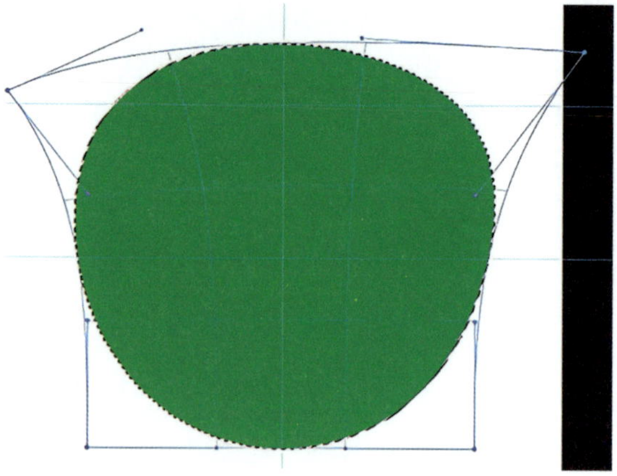

图8-41　绿叶效果调色

图8-42　绿色背景图层调整

图8-43　绿色叶片裁切下半部后效果

图8-44　白色填充效果

（11）制作柠檬“蒂”，在绿色选区上部制作参考线，再次新建图层，执行 矩形选框工具，按Alt沿中心线绘制矩形选区，填充绿色。在此图层上，绘制椭圆选取，移动椭圆选取至合适的位置，按Delete键删除选中的绿色部分，对侧执行相同的操作，效果如图8-45所示。

（12）按Ctrl键将背景以外的所有图层选中，点击鼠标右键，选择合并图层。执行裁剪工具，将白色背景层调整成矩形，图8-46所示。

（13）双击柠檬图层，弹出图层样式编辑框，勾选“投影”，选择“投影”，弹出投影参数设置编辑框，相关参数设置如图8-47所示。勾选斜面浮雕，相关参数设置如图8-48所示。最终效果如图8-49所示。

（14）执行“文件”，储存。输入文件名称，选择保存类型为JPG格式，即完成制作。

图8-45 柠檬“蒂”效果制作

图8-46 图层合并

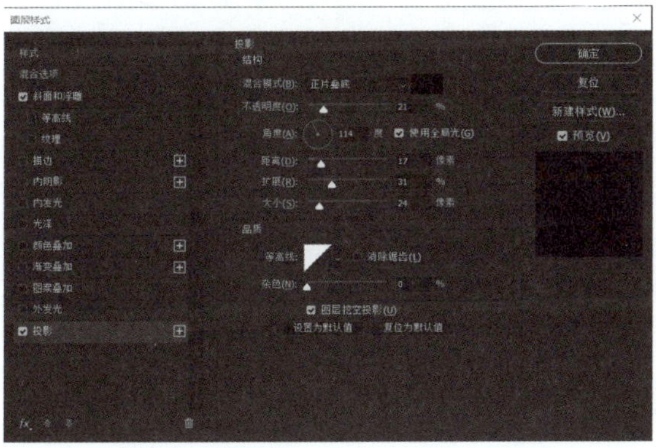

图8-47 “投影”参数设置

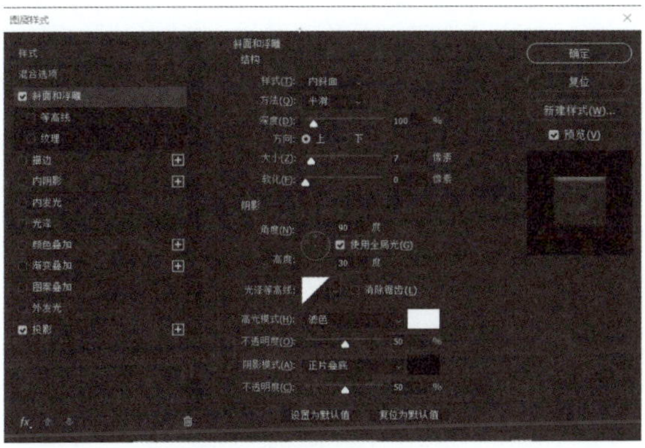

图8-48 “斜面浮雕”参数设置

图8-49 完成效果

四、项目评价

扁平风图标的制作原则上遵循极简风格，通过二维的设计形态，清晰简洁地表达出扁平风图标的设计效果。在制作的实操演练过程中，涉及框选工具组、再制、自由变换工具灵活运用，设计柠檬的外形、内在结构及叶片结构，均遵循扁平风图标设计特点，呈现出到极简、干净的表达效果。整个图标的界面简洁大方、充满现代感，呈现极简主义的设计理念。

五、工具使用

完成本项目主要用到的工具有框选工具组中矩形工具，椭圆工具组，主要用于柠檬设计外形设计和柠檬内部结构制作；填充工具主要是完成图案的图形色块效果；自由变换工具的使用，主要用于绿色叶片制作变形的效果，通过扭曲与变形的操作制作具有设计感的叶片效果。

本章总结

通过本章的学习，读者能够对应用图标的基本概念有较为清晰的了解，能够熟识图标的常见分类类型，能够掌握图标设计的基本原则。通过任务实践练习，能够掌握图标的绘制的基本技能，能够掌握扁平风图标制作技能，专业知识得到巩固，审美素养得到提高。

课后作业

绘制“天气图标”

（1）执行“新建”按钮，选择“自定”，更改宽度尺寸为300，高度尺寸为300，勾选掉“画板”，点击“创建”，如图8-50所示。

（2）执行Ctrl+R指令，打开标尺工具，沿着水平竖直方向中点处，十字交叉的中心线。点击前景色■，弹出拾色器，设置H参数为196、S参数为99、B参数为81、R参数为1、G参数为152、B参数为207，完成图标蓝色部分的颜色设置。图8-51所示。

（3）执行形状工具组中“椭圆工具”，上方图形工具组选项卡中选择“形状”。沿着中心点，按Alt+Shift沿中心点作正圆。图8-52所示。

（4）执行形状工具组中“圆角矩形工具”，上方图形工具组选项卡中半径数值设置为60。沿着中心点，沿中心点作圆角矩形。 图8-53所示。

（5）执行形状工具组中“椭圆工具”，沿着中心点，沿中心点作正圆。修改正圆颜色为白色。 图8-54所示。

（6）复制上一部正圆图层，点击复制出来的白色正圆图层，修改正圆的颜色为黄色，图8-55所示。

（7）使用自由变换工具，移动工具，调整图层及图形的比例大小。效果如图8-56所示。

（8）执行“文件”，储存。输入文件名称，选择保存类型为JPG格式，即完成制作。

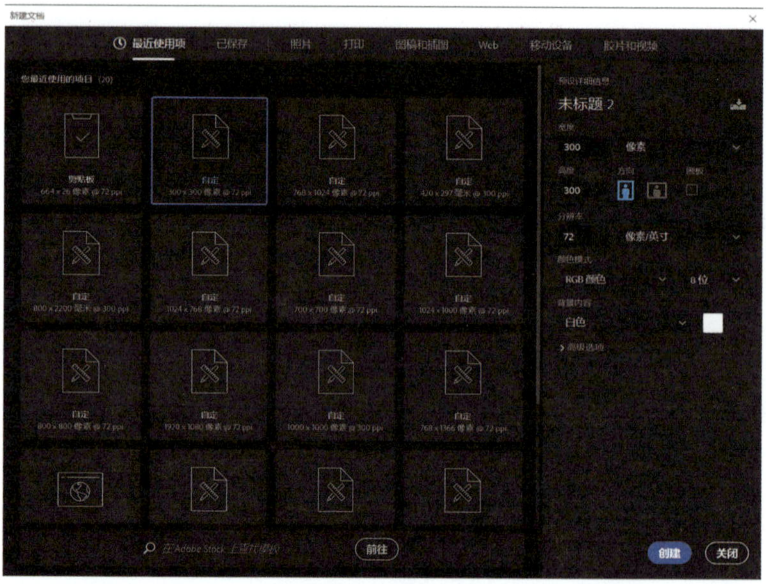

图8-50　新建画布

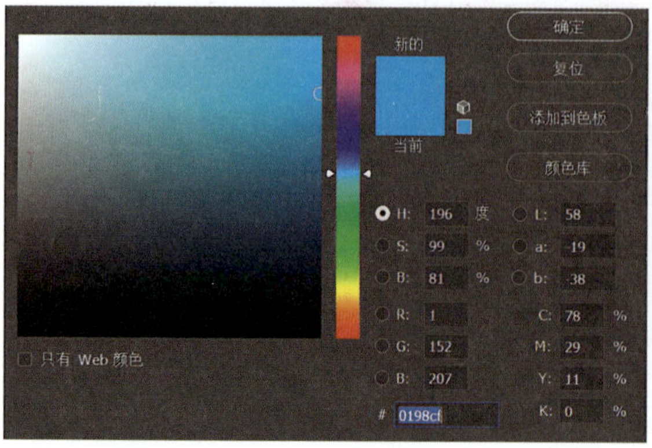

图8-51　前景色参数

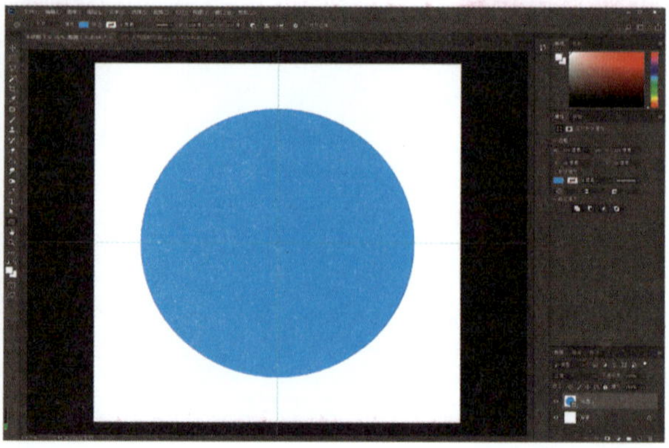

图8-52　绘制正圆

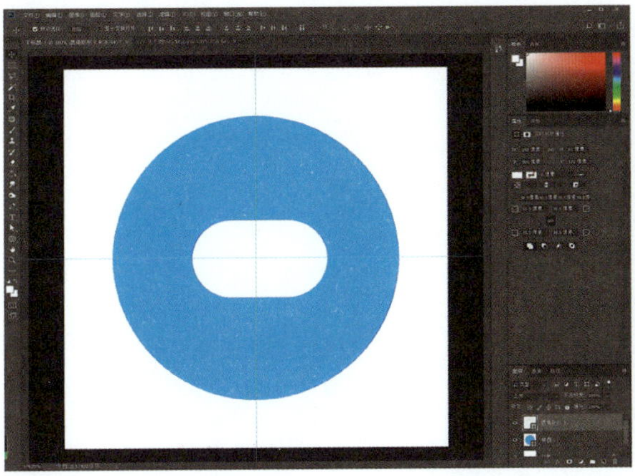

图8-53　圆角矩形工具效果

图8-54　云朵效果

图8-55　云朵及太阳效果

图8-56　案例效果

思考拓展

绘制微信App图标

微信图标的绘制难度上相比较来说更有挑战性，案例属于扁平化设计风格，主要运用到图形工具组中椭圆工具、选择工具及图层相交的关系来绘制完成，主要训练对扁平风图案的绘制能力，图形之间运算处理能力及设计尺度掌控能力。尺寸为300×300像素，效果如图8-57所示。

图8-57　微信图标

课程资源链接

课件、拓展资料

第九章 App界面设计

本章节主要介绍App界面设计的相关知识点，共设两个学习任务。通过本章节的学习，读者能够对App界面设计的基本概念有较为清晰的了解，能够熟识App的设计思路和技巧，能够掌握App界面设计的制作方法。通过任务实践练习，能够掌握App的绘制的基本技能，具备一定的App设计能力，提升设计技能。

知识目标

（1）了解App页面设计的概念。

（2）掌握App页面的设计思路和技巧。

能力目标

（1）能独立完成App绘制。

（2）能掌握不同风格的App界面设计。

（3）能独立使用PS的工具绘制App界面。

第一节　知识储备——App界面设计概述

一、什么是App?

App是应用程序Application的缩写，一般指智能手机的第三方应用程序。用户主要从应用商店下载App，比较常用的应用商店有苹果的App Store，华为应用市场等。应用程序的运行与操作系统密不可分，目前市场上，主要的智能手机操作系统有苹果公司的iOS和谷歌公司的Android系统。对于UI设计师而言，要进行移动界面设计工作，需要分别学习两大系统的界面设计知识。

二、App的分类

闪屏页、引导页、首页、个人中心页、详情页以及注册登录页，如图9-1所示。

闪屏页包括品牌推广型、活动广告型、节日关怀型。品牌推广型闪屏页是为表现产品品牌而设定。基本采用“产品logo+产品名称+产品”的简洁化设计形式。活动广告型闪屏页是为推广活动或广告而设定，通常将推广的内容直接设计在闪屏页内。多采用插画以及暖色的设计形式，用以营造热闹的氛围。节日关怀型闪屏页是为营造节假日氛围同时凸显产品品牌而设定的。多采用“产品logo+内容插画”的设计形式，使用户感受到节日的关怀

闲鱼App闪屏页　QQ音乐App闪屏页　微信App闪屏页　新浪App闪屏页

天猫App闪屏页　优酷视频App闪屏页　迅雷App闪屏页　拍得利App闪屏页

图9-1　App闪屏页

图9-2　App引导页

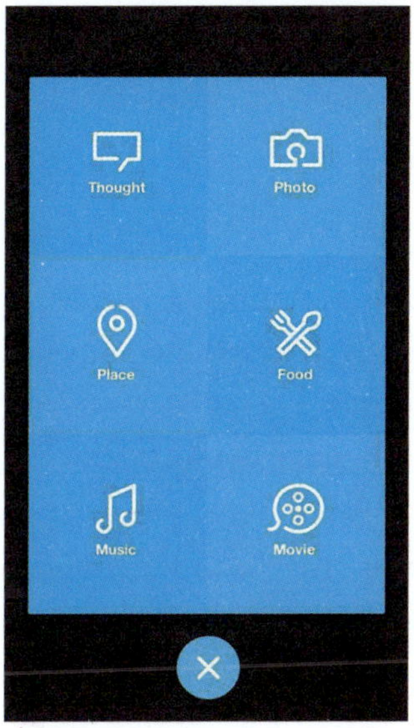

图9-3　App起始页

与祝福。

引导页包括功能说明型、产品推广型、搞笑卖萌型。引导页是用户在第一次或经过更新，打开App看到的一组图片，通常由3~5页组成。引导页起到了在用户使用App之前，提前帮助用户快速了解App的主要功能和特点的作用。可以细分为功能说明型、产品推广型、搞笑卖萌型，如图9-2所示。

首页又称为“起始页”，如图9-3所示，是用户使用App的第一页。首页承担着流量分发的作用，是展现产品气质的关键页面，可以细分为列表型、网格型、卡片型、综合型。

个人中心页是展示个人信息的页面，如图9-4所示，主要由头像和信息内容组成。个人中心页有时也会以抽屉打开的形式出现。详情页是展示App产品详细信息，用于用户产生消费的页面。页面内容较丰富，以图文信息为主。注册登录页是电商类、社交类等功能丰富型App的必要页面。页面设计直观简洁，并且提供第三方账号登录，国内常见的第三方账号有微博、微信、QQ等，国外常见的第三方账号有Facebook、Twitter、Google等。

图9-4　App个人中心页和注册登录页

第二节　项目一——电商男装App界面设计

一、项目引入

电商App就是手机购物应用程序。对于一个电商App而言，商品展示与描述、用户的收藏、购买和评价等内容都是必要信息。本节通过实操演练的方式讲授电商App界面设计，以淘宝店铺的商品为例，通过对商品及信息的合理编排，针对App展示的各个模块设计了不同的展示场景，具有实用性、美观性以及经济价值。在操作演示中，本案例将使用“移动”工具添加产品图片，使用“圆角矩形”工具和剪贴蒙版制作界面照片，使用“横排文字”工具添加信息内容。

二、项目实施

本节课在实操演示的设计思路上，主要使用浅色背景起到衬托的作用，突出前方的主体；以商品实物照片作为主体元素，图文搭配合理，具有美感；色彩围绕产品进行搭配，具有舒适自然的效果。注意在实施的过程中，移动、对齐、复制等命令的使用。详见实例效果图9-5。

图9-5　电商男装App界面设计效果图

三、项目演示

案例学习目标：掌握App界面设计的基本构成。

案例知识要点：掌握移动、对齐、复制工具的灵活运用，掌握参考线的设置。

（1）按Ctrl+N组合键，弹出“新建文档”对话框，将宽度设置为750像素，高度为1334像素，分辨率为72像素 / 英寸，颜色模式为RGB，背景内容为白色。单击“创建”按钮，新建文件。

（2）选择“视图-新建参考线版面”命令，弹出“新建参考线版面”对话框，设置如图9-6所示。单击“确定”按钮，完成版面参考线的创建，如图9-7所示。

（3）选择“视图-新建参考线”命令，弹出“新建参考线”对话框，设置如图9-8所示。单击“确定”按钮，完成水平参考线的创建，如图9-9所示。

（4）绘制“状态栏”，使用文字工具、形状工具以及画笔工具，按照状态栏的组成，完成状态栏的绘制。如图9-10，并将状态栏的绘制的所有图形合并到图层组，单击“图层”控制面板下方的“创

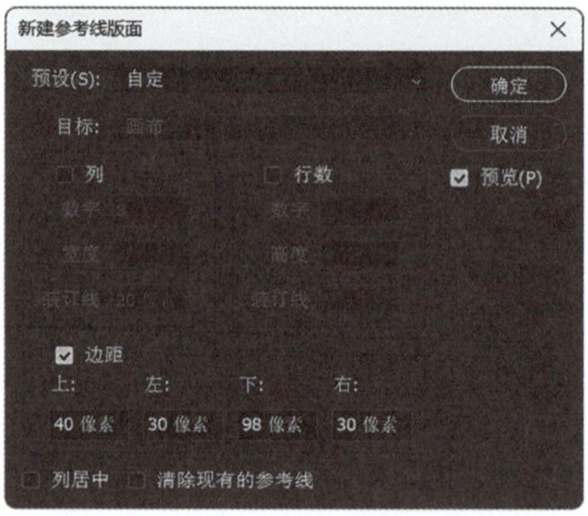

图9-6　新建参考线版面对话框

图9-7　版面参考线创建

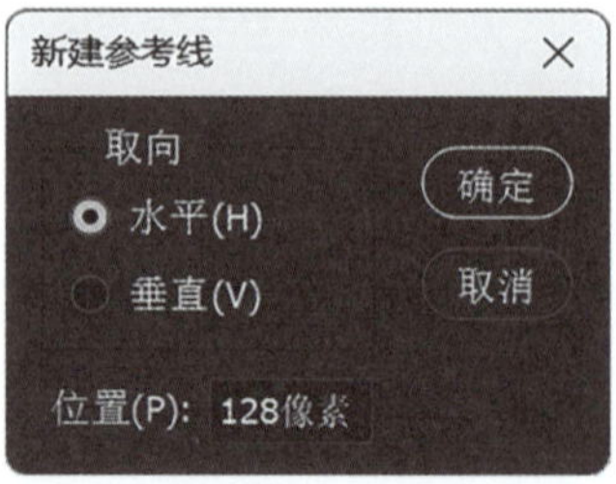

图9-8　新建参考线对话框

图9-9　水平参考线绘制

建新组”按钮，生成新的图层组，并命名为“状态栏”。

（5）绘制“导航栏”。选择“横排文字”工具，在适当的位置输入需要的文字并选取文字，在属性栏中选择合适的字体并设置大小，设置文本颜色为灰色（53、53、53），填充文字，效果如图9-11所示。在“图层”控制面板中生成新的文字图层。

（6）选择“移动”工具，分别将“返回”“分享”“更多”图形拖拽到新建的图像窗口中适当的位置（有能力可以自行绘制“分享”和“更多”按钮，效果如图9-12所示）。在“图层”控制面板中分别生成新的形状图层“分享”和“更多”。

（7）选择“椭圆”工具，按住Shift键的同时，在图像窗口中绘制一个圆形。在属性栏中将“填充”颜色设为红色（245、0、0），“描边”颜色设为无，在“图层”控制面板中生成新的形状图层“椭圆1”。

（8）选择“横排文字”工具，在适当的位置输入需要的文字并选取文字，在属性栏中选择合适的字体并设置大小，填充文字为白色，效果如图9-13所示。在“图层”控制面板中生成新的文字图层。单击“导航栏”图层组左侧的箭头图标，将“导航栏”图层组中的图层隐藏。

（9）绘制“搜索区”。选择“圆角矩形”工具，将“填充”颜色设为浅灰色（240、241、242），“描边”颜色设为无，“半径”数值项设为4像素。在图像窗口中绘制一个圆角矩形，在“图层”控制面板中生成新的形状图层“圆角矩形1”。

（10）选择“移动”工具，分别将“放大镜”

图9-10　状态栏绘制

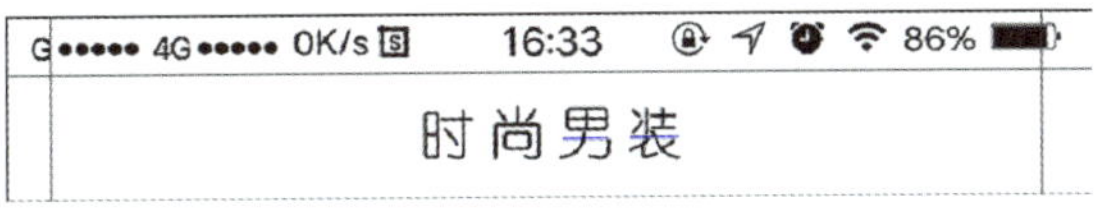

图9-11　导航栏绘制

图9-12　分享和更多按钮绘制

（a）　　（b）

图9-13　未读消息绘制

和“扫码”图形拖拽到新建图像窗口中适当的位置。在“图层”控制面板中分别生成新的形状图层“放大镜”和“扫码”。

（11）选择“横排文字”工具，在适当的位置输入需要的文字-搜索并选取该文字，在属性栏中选择合适的字体并设置大小，设置文本颜色为灰色（197、195、195），填充文字，效果如图9-14所示。在“图层”控制面板中生成新的文字图层。单击“搜索区”图层组左侧的箭头图标将“搜索区”图层组中的图层隐藏。

（12）绘制“内容区”。选择“圆角矩形”工具，在属性栏中将“填充”颜色设为深灰色（184、184、184），“描边”颜色设为无，“半径”项设为4像素。在图像窗口中绘制一个圆角矩形，效果如图9-15所示。在“图层”控制面板中生成形状图层“圆角矩形2”。

（13）按Ctrl+O组合键，素材文件。选择“移动”工具，将图片拖曳到新建图像窗口中适当的位置。在“图层”控制面板中生成新图层，将其命名为“男装1”。按Alt+Ctrl+G组合键，为图层创建剪贴蒙，图像效果如图9-16所示。

（14）选择“横排文字”工具，在适当的位置分别输入需要的文字并选取文字，在属性栏中分

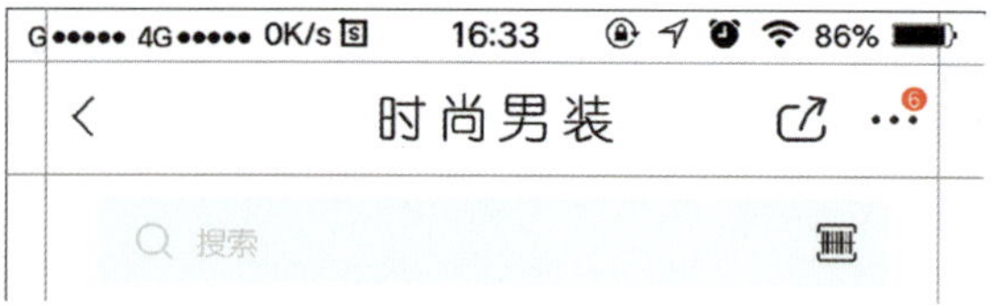

图9-14　搜索栏绘制

图9-15　绘制圆角矩形

图9-16　绘制内容区

别选择合适的字体并设置大小，设置文本颜色，红色为（245、0、0），灰色为（53、53、53）。

（15）选择“移动”工具，将“关注”图形拖拽到新建图像窗口中适当的位置，效果如图9-17所示。在“图层”控制面板中生成新的形状图层“关注”。

（16）用相同的方法打开其余图片，制作图9-18所示的效果。单击“内容区”图层组左侧的箭头图标，将“内容区”图层组中的图层隐藏。

（17）绘制“标签栏”。选择“矩形”工具，在属性栏中将“填充”颜色设为白色，“描边”颜色设为无。在图像窗口中绘制一个矩形，效果如图9-19所示。在“图层”控制面板中生成新的形状图层“矩形1”。

（18）单击“图层”控制面板下方的“添加图层样式”按钮，在弹出的菜单中选择“投影”命令，在弹出的对话框中进行设置，如图9-20所示。单击“确定”按钮，效果如图9-21所示。

（19）选择“移动”工具，分别将“首页”“关注”“社区”“购物车”和“个人中心”图形拖拽到新建图像窗口中的适当位置，效果如图9-22所示。在“图层”控制面板中分别生成新的形状图层“首页”“关注”“社区”“购物车”和“个人中心”。电商男装App界面制作完成效果详见图9-5。

图9-17　添加关注和文字　图9-18　完成内容区

图9-19　绘制矩形形状

图9-20　添加投影

四、项目评价

App界面设计的制作是便于使用，便于了解，并能减少用户发生选择的可能性。界面的结构必须清晰且一致，风格必须与所反映的内容相一致。一个有序的界面能让用户轻松的使用。以本项目为例，我们需要了解电商的导航栏、搜索栏、标签栏和内容栏，借助界面设计的基本原则和要求，通过图层组的方式，有序地将各个组成部分组织在一起。

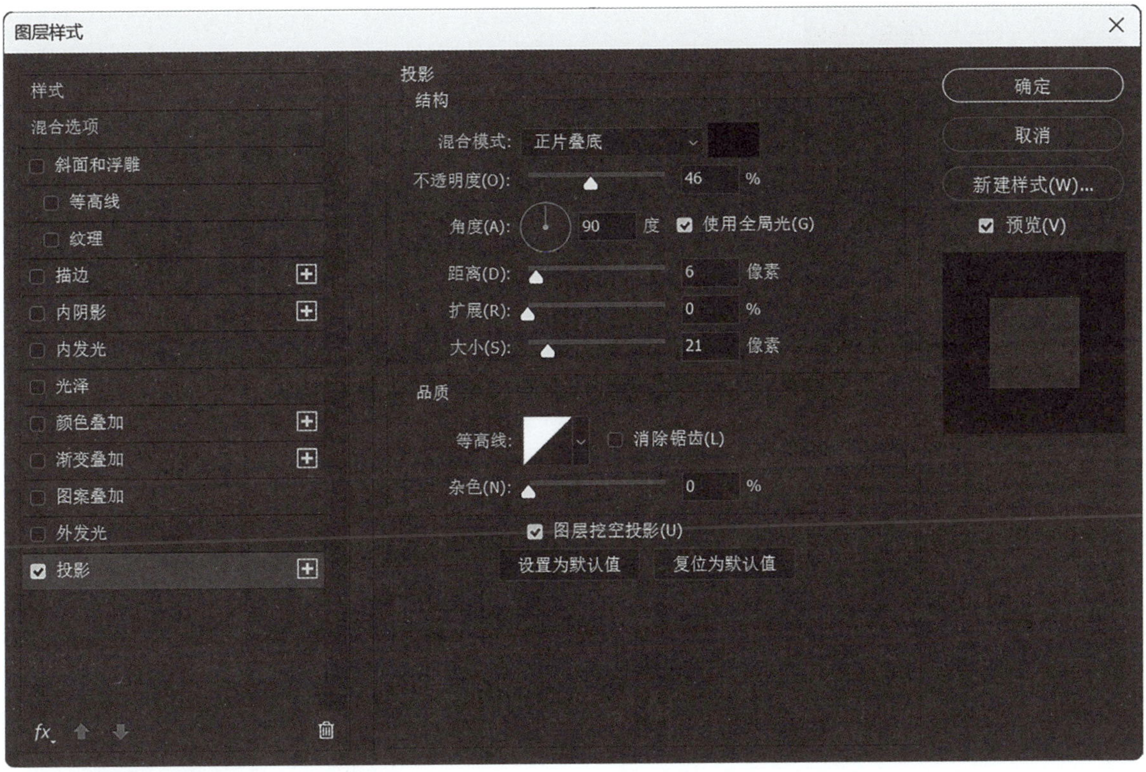

图9-21　图层样式参数

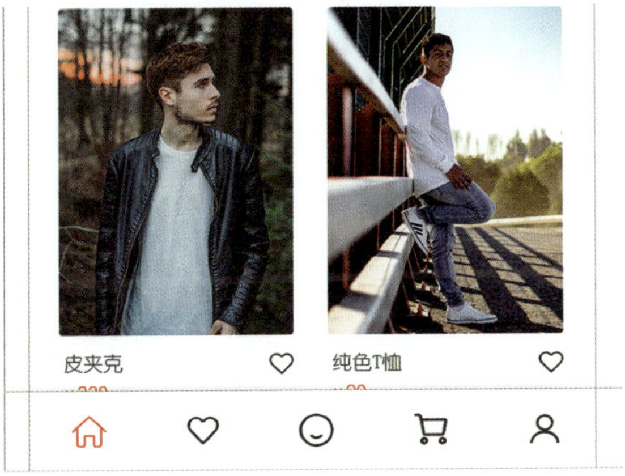

图9-22　添加购物车等

五、工具使用

本案例主要使用移动工具、标尺工具、颜色填充，文字样式等工具组搭配完成，其中移动工具主要用于完成图形、图片的在参考线的控制下形成有序的界面设计，标尺工具主要运用于界面图形的尺度规范的制作，颜色填充主要用于界面效果的最终表现。考虑到App界面设计需要协调的内容比较多，所以要充分使用到图层组命令，合理有序的组织界面上的各个组成部分。

第三节　项目二——音乐App闪屏界面设计

一、项目引入

闪屏界面是App最先映入观众眼中的界面，以本项目音乐类App为例，闪屏界面是专注于发现与分享音乐的移动设备产品的第一个页面。音乐App提供了海量音乐在线试听、新歌热歌在线首发、歌词翻译、手机铃声下载和高品质无损音乐试听等功能。其闪屏界面更是代表了其主要特色。本项目将通过对图片和文字的合理设计，体现出音乐带给人们释放压力和自由自在的感觉。在设计思路上，项目主要是通过对背景的模糊处理，展现出音乐带给人们的朦胧感；模糊的背景和明确的主题完美结合，展现出潮流感。

二、项目实施

制作前准备新建画布，使用标尺工具设置新建参考线面板，使用绘图工具、文字工具、剪贴蒙版

图9-23　音乐App闪屏界面效果图

等工具绘制主题元素。

本项目在实施过程中使用“矩形”工具绘制装饰图形，使用“高斯模糊”滤镜命令和“智能锐化”滤镜命令调整图片，使用剪贴蒙版调整图片显示区域。中心主题元素通过简洁的圆形与背景形成对比，中心区域加以文字描述，用最直观的表达方式，达成极简的效果。中心区域的圆形图案完成添加阴影效果，增强整体App闪屏界面的表现效果，详见图9-23。

三、项目演示

（1）制作背景效果。按Ctrl+O组合键，打开本项目素材文件，效果如图9-24所示。将“背景”图层拖拽到“图层”控制面板下方的“创建新图层”按钮上进行复制，生成新的图层并将其命名为“图片拷贝”，如图9-25所示。

（2）单击“图片拷贝”图层左侧的眼睛图标，将图层隐藏。

（3）选择“滤镜-模糊-高斯模糊”命令，在弹出的对话框中进行设置，如图9-26所示。单击“确定”按钮，效果如图9-27所示。

（4）选择“矩形”工具，在属性栏的“选择工具模式”选项中选择“形状”，将“填充”颜色设为白色（255、255、255），“描边”颜色设为无。在图像窗口中绘制矩形，如图9-28所示。在“图层”控制面板中生成新的形状图层“矩形1”。按Ctrl+J组合键，复制图层，并将复制的图层拖拽到所有图层的上方，如图9-29所示。

（5）单机“矩形1拷贝”图层左侧的眼睛图标，将图层隐藏或显示。

（6）选择“滤镜-锐化-智能锐化”命令，在弹出的对话框中进行设置，如图9-30所示。单击“确定”按钮，效果如图9-31所示。

（7）按Alt+Ctrl+G组合键，创建剪贴蒙版，选择并显示“矩形1 拷贝”图层，如图9-32所示。

（8）按Ctrl+T组合键，在矩形周围出现变换框。拖拽至合适位置，调整形状，按Enter键确认操作，效果如图9-33所示。双击“矩形1 拷贝”图层的缩览图，弹出对话框，将颜色设为黑色。

（9）单击“图层”控制面板下方的“添加图层样式”按钮，在弹出的菜单中选择“描边”命令，弹出对话框。将描边颜色设为黄色（255、211、0），其他选项的设置如图9-34所示。单击

图9-24　打开素材

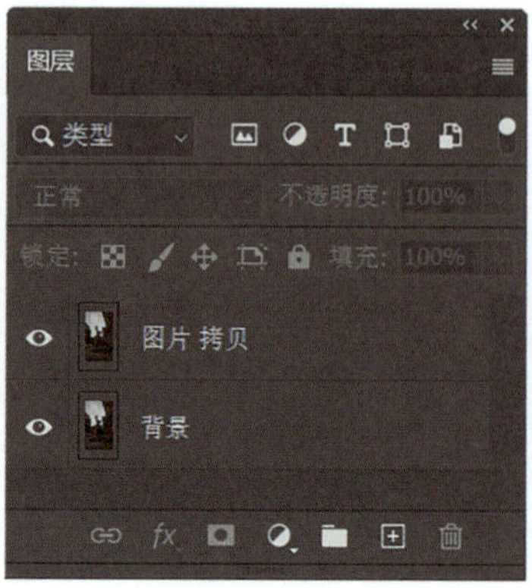

图9-25　新建图片拷贝

图9-26　添加滤镜高斯模糊

图9-27　应用滤镜后效果

图9-28　添加矩形

图9-29　图层面板

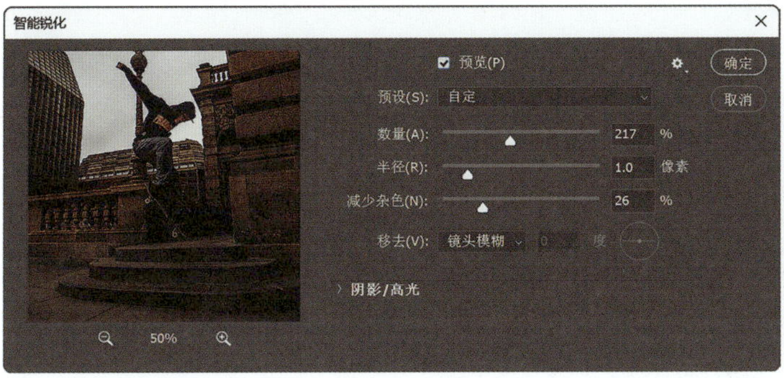

图9-30　添加滤镜锐化

图9-31　滤镜锐化后效果

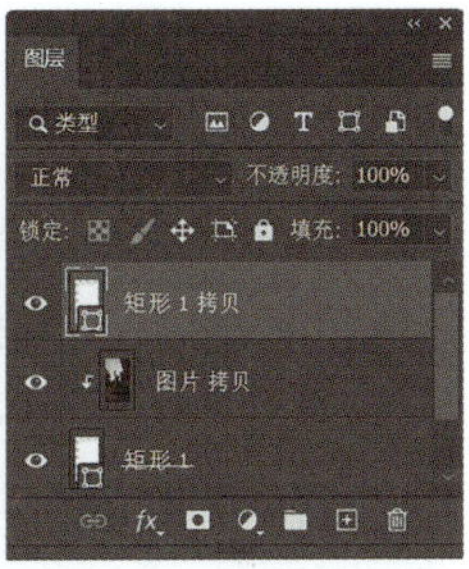

图9-32　创建剪贴蒙版图层

图9-33　创建矩形选区

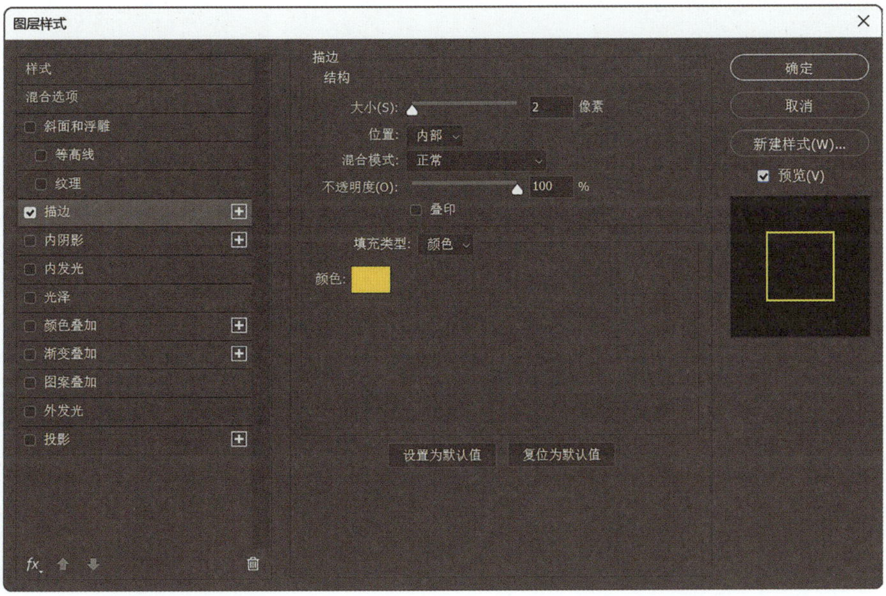

图9-34　添加图层样式描边

图9-35　应用描边效果

"确定"按钮，效果如图9-35所示。

（10）在"图层"控制面板上方，将复制图层的"填充"选项设为0，如图9-36所示。

（11）按Ctrl+J组合键，复制图层，生成"矩形1拷贝2"图层，如图9-37所示。按Ctrl+T组合键，在矩形周围出现变换框。拖拽至合适位置，调整形状，按Enter键确认操作。

（12）双击"矩形1拷贝2"图层的"描边"样式，弹出对话框。将描边颜色设为白色，其他选项的设置可参见图9-34。单击"确定"按钮，效果如图9-38所示。

（13）选择"矩形1拷贝"图层。按Ctrl+J组合键，复制图层，生成"矩形1拷贝3"图层，并拖拽到"矩形1拷贝2"图层的上方，如图9-39所示。按Ctrl+T组合键，在矩形周围出现变换框。拖曳至合适位置，调整形状。

（14）双击"矩形1拷贝3"图层的，描边样式，弹出对话框，保持描边颜色不变，其他选项的设置如图9-40所示。单击"确定"按钮，效果如图9-41所示。

（15）按Ctrl+O组合键，打开本书素材文件。选择"移动"工具，将图片拖曳到图像窗口中适当的位置，效果如图9-42所示。在"图层"控制面板中生成新图层，将其命名为"信息"。音乐类App引导页制作完成。

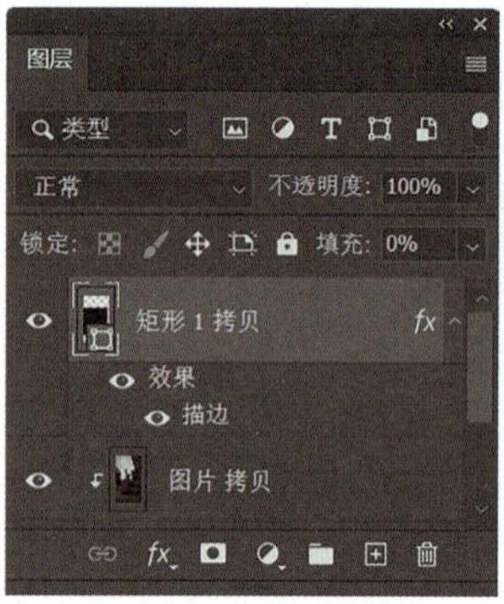

图9-36　图层面板调整填充

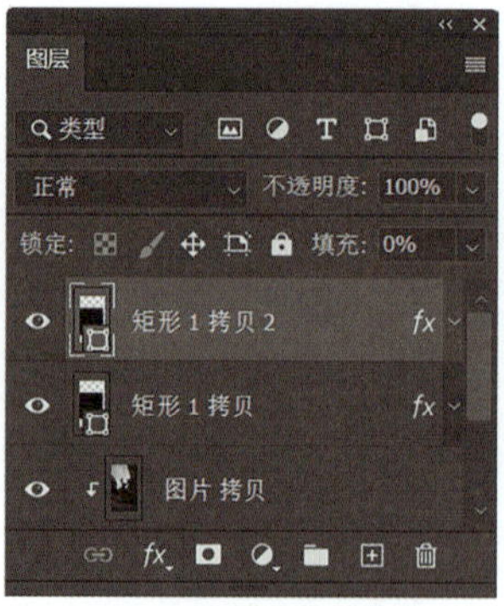

图9-37　图层面板拷贝图层

图9-38　过程效果（1）

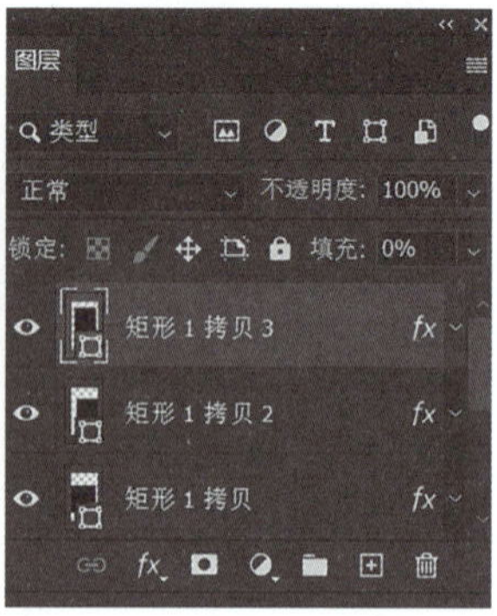

图9-39　创建矩形1拷贝3

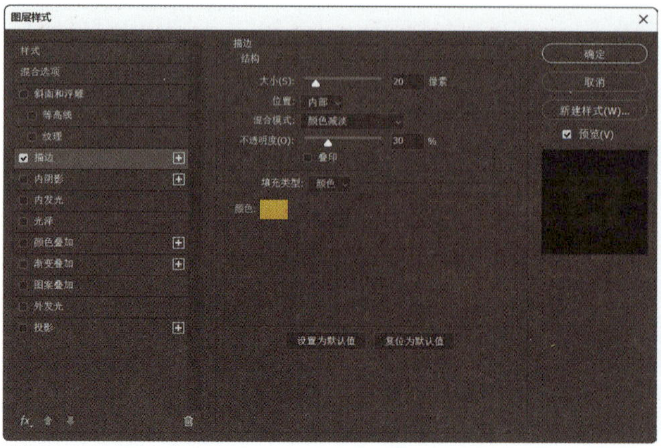

图9-40　图层样式描边参数

图9-41　过程效果（2）

图9-42　最终效果

四、项目评价

App闪屏界面的制作原则上遵循简洁明确的风格，通过二维的设计形态，准确地表达出App的主要内容。在制作的实操演练过程中，涉及绘图工具组、文字工具、蒙版工具灵活运用，均遵循主题明确、一目了然的设计特点，呈现出简洁、直接的表达效果。整个App的闪屏设计页起到了在用户使用App之前，提前帮助用户快速了解App的主要功能和特点的作用。

五、工具使用

完成本项目主要用到的工具有框选工具绘图工具，文字工具组，蒙版主要用于中心圆形设计；剪贴蒙版工具主要是完成主题中心元素的设计和表达；中心图形采用图层效果的使用，加以阴影效果，加强对中心元素的表达，加深App主题界面设计的表达和表现。

本章总结

本章主要介绍App界面设计的要点以及App界面的制作方法。根据文中的理论与实操知识，包含电商男装App界面设计和音乐App闪屏界面设计两个实操任务。实操任务中涉及的知识点包含绘图工具讲解、剪贴蒙版的训练、文字工具组等知识点。通过简洁的圆形设计，清楚明确地体现主题。通过简单的电商App界面设计了解整个界面设计，充分利用图层组进行归纳和整理，可以快速整合元素信息，便于后期修改和完善设计要素。

通过本章的学习，读者能够对App界面的基本设计有较为清晰的了解，能够熟识App的常见类型，能够掌握App设计的基本原则。通过任务实践练习，能够掌握App的绘制的基本技能，能够掌握App闪屏页、内容页等功能，为读者打开App界面设计这扇大门。

课后作业

翻页登录界面设计

设计构思：本案例的最大特点是淡雅的界面搭配朴实的纹理背景，给人一种自然、舒适的感觉。翻页登录界面设计最终效果如图9-43所示。

操作步骤

（1）执行菜单栏中的“文件-新建”命令，在弹出的对话框中设置宽度为800像素，高度为600像素，分辨率为72像素/英寸，新建一个空白画布，将画布填充为灰色（R：225，G：225，B：230）。

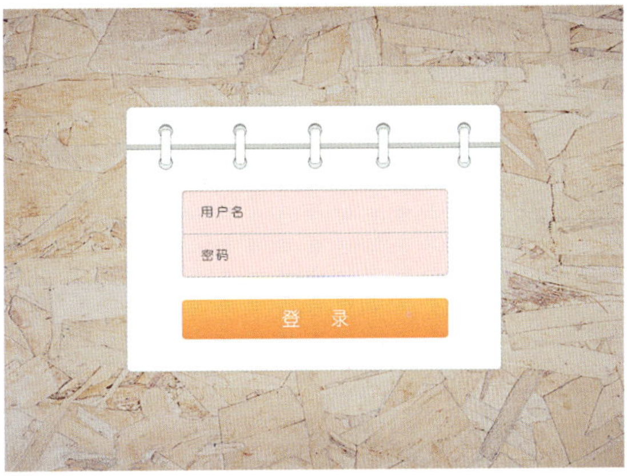

图9-43 翻页登录界面设计效果图

（2）执行菜单栏中的“文件-打开”命令，在弹出的对话框中选择配套资源中的01素材文件，将打开的素材拖入画布中并适当缩小，如图9-44所示。

（3）在“图层”面板中选中“图层1”图层，将其图层“混合模式”设置为“颜色加深”，如图9-45所示。

图9-44 打开素材文件

图9-45 颜色加深命令

（4）选择工具箱中的“圆角矩形工具”，在选项栏中将填充更改为白色，描边为无，半径为8像素，在画布中绘制一个圆角矩形，如图9-46所示。

（5）在图层面板中选中“圆角矩形1”图层，单击面板底部的“添加图层样式”按钮，在菜单中选择描边命令，在弹出的对话框中将大小更改为1像素，颜色更改为灰色（R：197，G：200，B：204）。

图9-46　绘制圆角矩形

（6）选中内“阴影”复选框，将混合模式更改为正常，颜色更改为白色，阻塞更改为100%，大小更改为3像素。

（7）在图层面板中选中“圆角矩形1”图层，将其拖至面板底部的“创建新图层”按钮上，复制一个“圆角矩形1 拷贝”图层。选中“圆角矩形1拷贝”图层，将图形向上稍微移动，如图9-47所示。

（8）以刚才同样的方法将圆角矩形再次复制一份“圆角矩形1拷贝2”图层，并在画布中向上稍微移动，如图9-48所示。以同样的方法将圆角矩形再次复制一份“圆角矩形1拷贝3”图层，在画布中将图形向下稍微移动。

（9）选择工具箱中的“直接选择工具”，选中“圆角矩形1拷贝3”图层中图形顶部2个锚点，按Delete键将其删除，如图9-49所示。

（10）选择工具箱中的“矩形工具”，在选项栏中将填充更改为黑色，描边更改为无，在界面靠上方分界线位置绘制一个矩形，此时将生成一个矩形1图层，如图9-50所示。

（11）在图层面板中选中矩形1图层，单击面板底部的“添加图层蒙版”按钮，为其添加图层蒙版。选择

图9-47　创建圆角矩形1拷贝图层

图9-48　创建圆角矩形1拷贝2图层

图9-49　创建圆角矩形1拷贝3图层

图9-50　绘制矩形

工具箱中的“渐变工具”■，在选项栏中单击“点按可编辑渐变”按钮，在弹出的对话框中选择“黑白渐变”，设置完成之后单击确定按钮，再单击选项栏中的“线性渐变”■按钮，在图形上从下至上拖动，将部分图形隐藏，如图9-51所示。

（12）选中矩形1图层，将其图层“不透明度”更改为15%。

（13）在图层面板中选中矩形图层，将其拖至面板底部的“创建新图层”■按钮上，复制一个矩形1拷贝图层，单击矩形1拷贝图层蒙版缩览图，在图形上从上至下拖动，将部分图形隐藏，如图9-52所示。

（14）选择工具箱中的“椭圆工具”■在选项栏中将填充更改为灰色（R：232，G：235，B：238），描边为无，在分界线左侧位置按住Shift键绘制一个正圆图形，如图9-53所示。

（15）在图层面板中选中圆1图层，单击面板底部的“添加图层样式”■按钮，在菜单中选择“描边”命令，在弹出的对话框中将大小更改为1像素，位置更改为内部，颜色更改为灰色（R：166，G：170，B：175）。

（16）选中“内阴影”复选框，将“不透明度”更改

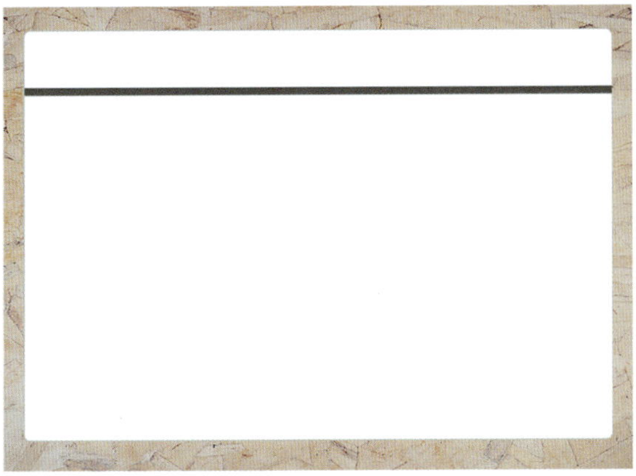

图9-51　矩形添加图层蒙版

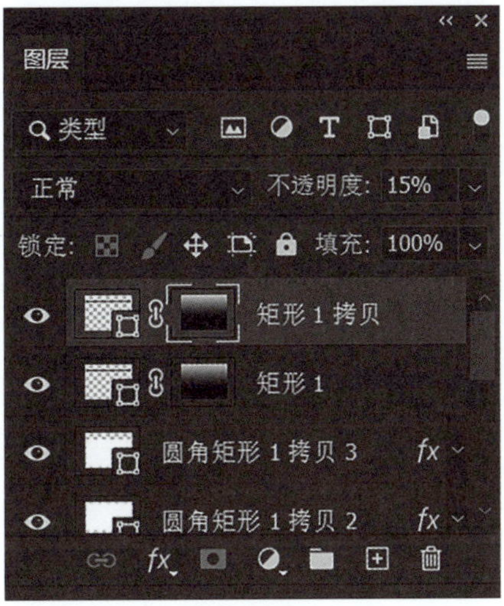

图9-52　复制矩形拷贝图层

图9-53　绘制正圆

为29%，取消“使用全局光”复选框，将角度更改为90度，距离更改为3像素，完成之后单击确定按钮。

（17）在图层面板中选中圆1图层，将其拖至面板底部的“创建新图层”按钮上，复制一个椭圆拷贝图层，并将图形向上稍微移动，如图9-54所示。

图9-54　复制椭圆拷贝图层

（18）选择工具箱中的“圆角矩形工具”，在选项栏中将填充更改为白色，描边为无，半径为5像素，在2个椭圆图形之间绘制个圆角矩形，如图9-55所示。

（19）在图层面板中选中“圆角矩形2”图层，单击面板底部的“添加图层样式”按钮，在菜单中选择描边命令，在弹出的对话框中将大小更改为1像素，不透明度更改为20%，颜色更改为黑色。

（20）选中内阴影复选框，将不透明度更改为15%，距离更改为3像素，大小更改为3像素，完成之后单击确定按钮。

（21）在图层面板中，同时选中圆角矩形2、椭圆1拷贝及椭圆1图层，按Ctrl+G组合键将图层编组，将生成的组名称更改为孔，如图9-56所示。

（22）选中孔组，按住Alt+Shift组合键向右侧拖动，将图形复制4份，如图9-57所示。

（23）选择工具箱中的“圆角矩形工具”，在选项栏中将填充更改为灰色（R：255，G：227，B：230），描边为无，半径为5像素，在画布中绘制一个圆角矩形如图9-58所示。

（24）在图层面板中选中圆角矩形3图层，单击面板底部的“添加图层样式”按钮，在菜单中选择描边命令，在弹出的对话框中将大小更改为1像素，位置更改为内部，颜色更改为灰色（R：197，G：200，B：204）。

（25）选中内阴影复选框，将不透明度更改为40%，距离更改为1像素，大小更改为2像素。

（26）选中投影复选框，将颜色更改为白色，取消使用全局光复选框，将角度更改为90度，距离更改为3像素，完成之后单击确定按钮。

（27）选择工具箱中的“直线工具”在选项栏中将填充更改为灰色（R：197，G：200，B：204），描边更改为无，粗细更改为1像素，在刚才绘制的椭圆图形上按住Shift键绘制一条垂直线段，如图9-59所示。

（28）选择工具箱中的“圆角矩形工具”，在选项栏中将填充更改为白色，描边更改为无，半径为5像素，绘制一个圆角矩形，如图9-60所示。

（29）在图层面板中选中圆角矩形4图层，单击面板底部的“添加图层样式”灰按钮，在菜单中选择描边命令，在弹出的对话框中将大小更改为1像素，颜色更改为黄色（R：240，G：182，B：118）。

（30）选中“渐变叠加”复选框，将渐变更改为深黄

图9-55　绘制圆角矩形

图9-57　孔组复制

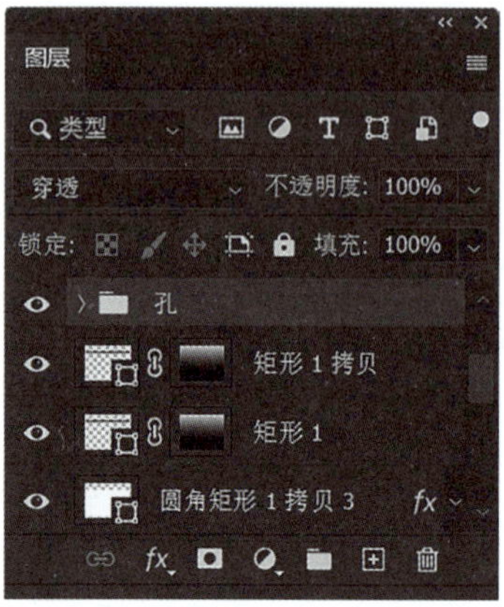

图9-56　图层编组

图9-58　绘制圆角矩形（1）

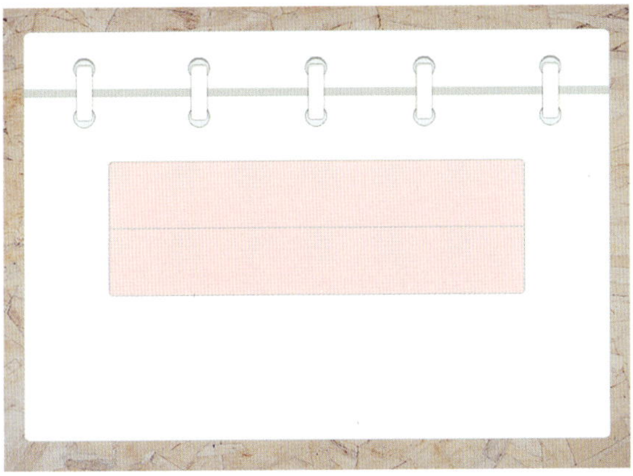

图9-59　绘制直线

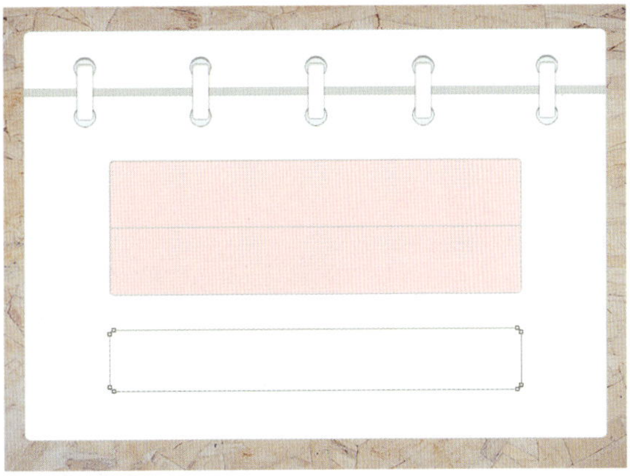

图9-60　绘制圆角矩形（2）

色（R：226，G：155，B：82）到黄色（R：233，G：187，B：94），完成之后单击确定按钮。

（31）选择工具箱中的“横排文字工具”T，在界面部分位置添加文字，这样就完成了效果制作，最终效果如前文图9-43所示。

思考拓展

影视播放界面设计

设计构思：本案例主要讲解的是影视播放界面的制作。本案例在制作的过程中采用绚丽的色彩搭配及高清晰的图像作为主题，同时模糊效果的添加让整个界面更加富有立体感。在配色方面，案例采用了神秘典雅的紫色及科技蓝的主界面搭配，使整个界面视觉效果十分出色。影视播放界面效果如前文图9-43所示。

操作提示

（1）新建画布并填充渐变制作背景，如图9-61所示。

图9-61　影视播放界面设计效果图

（2）绘制图形制作主界面，利用滤镜命令为界面添加阴影效果，如图9-62所示。

（3）添加素材并为素材添加滤镜效果，制作富有立体感的界面效果，如图9-63所示。

（4）绘制界面细节状态图形及文字，完成最终效果制作，如图9-64所示。

图9-62　制作背景

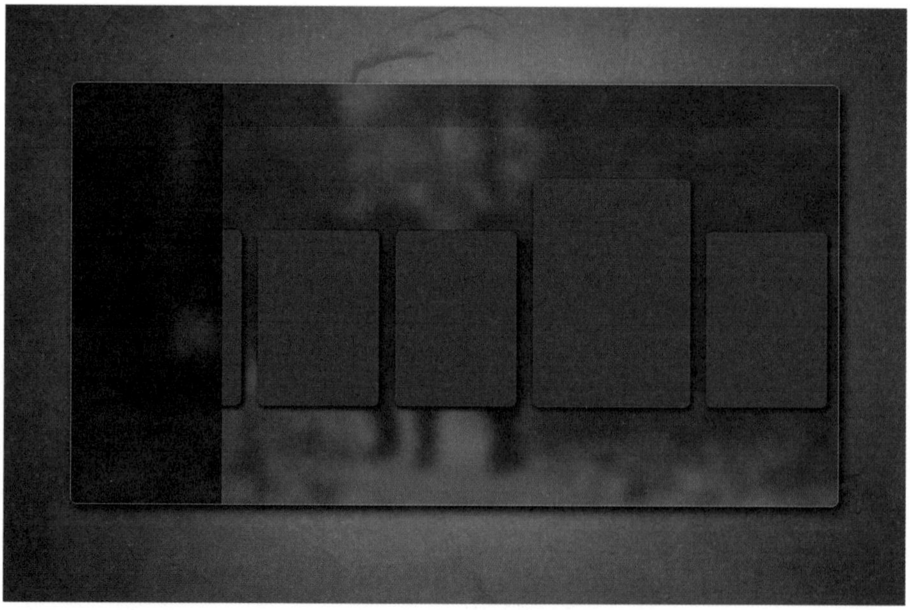

图9-63　添加阴影效果

图9-64　添加滤镜效果

课程资源链接

课件、拓展资料

第三部分

图形图像数字处理项目解析

第十章 网站网页设计

本章主要介绍了网站网页的使用方法。通过对本章的学习，读者可掌握网站网页设计的基本思路和技巧，能够设计出绚丽多彩的网站网页。优秀的网页设计师所设计的网站往往拥有风格突出的网页设计和细致的功能编排，这样能够吸引更多浏览者的目光。本章以多个类型的网页案例来讲解网页的设计方法和技巧。

知识目标

（1）掌握网页设计思路。

（2）掌握图层混合选项编辑内容。

能力目标

（1）能独立完成网页的整体设计。

（2）能掌握网页的不同风格使用。

（3）能独立完成网页的细节设计。

第一节 知识储备——网页设计概述

一、什么是网页

网页设计也被称为Web Design、网站设计、Website design、WUI等。它的本质就是网站的图形界面设计。平面设计简言之是将文字、图像、图形为了某种目的安排在一起，网页设计和平面设计的区别就是网页具有一定的动态性，但这种动态也是在静态中不断切换。

二、网页的分类

随着移动互联网的普及与发展，网页设计的种类得到了不断细分，目前主要分为企业网站设计（品牌宣传类）、电商设计（商业营销类）和移动端设计（交互体验类）等。根据网站的不同用途，可将网站划分为个人网站、企业网站、专业网站、交互型电子商务网站等，如图10-1所示是企业网站。好的网站设计应兼具视觉、信息和功能。

图10-1 企业网站

网页风格指网页设计上的视觉元素组合在一起带给人的整体形象的直观感受。网页视觉元素主要包含文字、图像、动画与视频等。网页风格一般与企业的整体形象相一致，如企业的行业性质、企业文化，提供的相关产品或服务特点都应该在网页风格中得到体现。

三、网页设计原则

以下是网页设计常用的一些原则。

1. 用户导向原则

设计网页前首先要明确到底谁是用户，要站在用户的角度和立场上来考虑。要做到这一点就必须先和用户沟通，包括了解他们的需求、目标、期望和偏好等。

2. KISS原则

KISS是Keep It Simple and Stupid的缩写，意思就是要简洁易操作。该原则一般要求，网页下载时长不超过10s；尽量使用文本链接；操作设计尽量简单，并有明确提示；网页所有内容和服务都在显眼处等。

3. 布局控制

布局控制指避免网页布局看起来很凌乱，使浏览者花费相对多时间去获取相对少的信息，阅读体验很差。一般网页上的分栏设置在5~9个之间为佳。如果超出9个栏目，则需要进行分组处理。

4. 视觉平衡

根据视觉原理，图形与文字相比，图形的视觉效果更强。所以为了达到视觉平衡，在设计网页时需要以更多的文字来平衡一幅图片。

5. 色彩搭配

颜色是影响网页美观度重要因素。为网页设计选择合适的颜色也很重要。

6. 和谐与一致性

设计一个网页的各元素时应该使它们看起来是和谐的，一个网站的众多单独网页也应该看起来像一个整体。

第二节 项目一——家具网站首页制作

一、项目引入

网站首页作为网站的门面，所有的细节都需要经过调整、美化、修饰等操作，以达到完美的视觉效果，达到让浏览者驻足观看的目的。

二、项目实施

本案例讲解家具网页的首页制作，重点在于

用暖灰色调贯穿整个页面，突出系列的家具主题图像，以简约典雅的风格呈现品牌特点，最终效果如图10-2所示。

三、项目演示

（1）按Ctrl+N组合键新建一个文件“家具网站首页”，宽度为1920像素，高度为3174像素，分辨率为72像素 / 英寸，颜色模式为RGB，背景内容为白色。单击“创建”按钮，新建文件。

（2）单击“图层控制面板”右下方的“创建新组按钮”，生成新的图层组，将其命名为“标题栏”。选择“矩形工具”，在属性栏的“选择工具模式”选项中选择“形状”，将“填充”颜色设为浅棕色（22，26，36，0），“描边”设置为无，在图像上方绘制一个矩形，在“图层控制面板”中生成“矩形1”，如图10-3所示。

图10-2　家具网站首页制作

图10-3　绘制浅棕色矩形

（3）选择“矩形工具”，在属性栏的“选择工具模式”选项中选择“形状”，将“填充”颜色设为白色，“描边”设置为无，在浅棕色矩形下部绘制一个矩形，并底部留出一条边，在“图层控制面板”中得到“矩形2”，将不透明度调整为50%，得到半透明效果，如图10-4所示。

（4）选中“矩形2”图层，将其拖拽到“图层控制面板”右下角“创建新图层”按钮上，得到一个复制的矩形。在“图层控制面板”中得到“矩形2 拷贝”，调整矩形大小，移动“矩形2 拷贝”到“矩形2”上部，并在两个矩形之间也留出一条边。

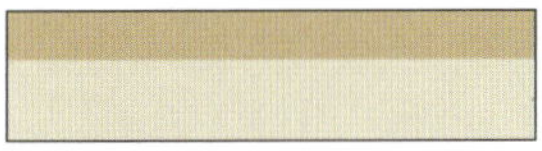

图10-4　绘制白色半透明矩形局部效果

图10-5　复制矩形并调整局部效果

将“矩形2 拷贝”图层的不透明度调整为20%，得到半透明效果，如图10-5所示。

（5）单击“图层控制面板”右下角“创建新图层”按钮，新建空白图层，选择“文字工具”，字体颜色（75，78，98，63），在图上相应位置输入“新品上市”“餐厅系列”“客厅系列”以及“卧室系列”的字样并调整大小位置和间距。再次点击“图层控制面板”右下角“创建新图层”按钮，新建图层，选择“文字工具”，在图上相应位置输入“艾利森家居”以及“现代 · 简约 · 源自北欧”的字样并调整大小位置和间距。效果如图10-6所示。

（6）单击“图层控制面板”右下方的“创建新组按钮”，生成新的图层组，将其命名为“检索框”。选择“圆角矩形工具”，在属性栏的“选择工具模式”选项中选择“形状”，“填充”设置为浅棕色（11，12，17，0），“描边”颜色设置为棕色（54，72，100，22），3像素，半径20像素，在第一排文字右侧绘制一个圆角矩形。点击“图层控制面板”右下角“创建新图层”按钮，新建空白图层，选择“文字工具”，颜色（75，78，98，63），在图上相应位置输入“检索”字样并调整大小位置。点击“图层控制面板”右下角“创建新图层”按钮，新建空白图层，选择“椭圆工具”，填充设置无，描边颜色设置为（75，78，98，63），3像素，按住shift键 + 鼠标左键绘制一个圆形。点击“图层控制面板”右下角“创建新图层”按钮，新建图层，选择“直线工具”，填充设置无，描边颜色设置为（75，78，98，63），3像素，绘制一根斜线。完成效果如图10-7所示。

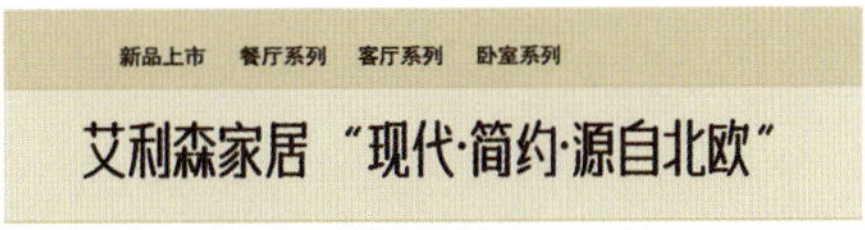

图10-6　输入文字局部效果

图10-7　绘制搜索框局部效果

（7）点击“图层控制面板”右下角“创建新图层”按钮，新建空白图层，选择“直线工具”，颜色（23，25，36，0），在图上第一排文字处按Shift键绘制一条垂直的直线，之后选择“移动工具”，按下Alt键不放，光标变为双箭头，选中刚才绘制的直线就可以进行复制并移动。重复复制并移动的动作，使第一排文字由直线进行分隔。完成效果如图10-8所示。

（8）按Ctrl+O组合键打开“家具1”“家具2”“家具3”三张图片文件，拖入画布调整大小和位置，效果如图10-9所示。单击“图层控制面板”右下方的“创建新组按钮”三次，生成三个新的图层组，将其分别命名为“餐厅系列”“客厅系列”和“卧室系列”，将“家具1”拖入“餐厅系列”图层组、“家具2”拖入“客厅系列”图层组、“家具3”拖入“卧室系列”图层组。

（9）点击“图层控制面板”右下角“创建新图层”按钮，新建空白图层，选择“钢笔工具”，在属性栏的“选择工具模式”选项中选择“形状”，“填充”设置为白色，“描边”设置为无、绘制一个不规则四边形，得到“形状1”，使其图层顺序在“家具1”的上方，效果如图10-10所示。

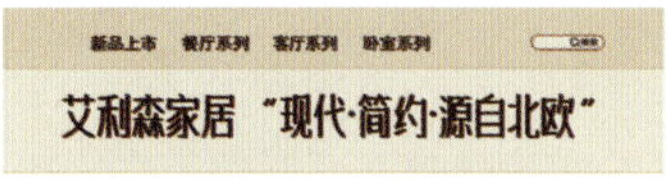

图10-8 绘制直线局部效果

图10-9 打开素材“家具1”“家具2”“家具3”

图10-10 绘制梯形

（10）选择“移动工具”，按下Alt键不放，光标变为双箭头，复制并移动“形状1”，得到“形状1 拷贝”，按Ctrl+T组合键，进入自由变换模式，右键选择“旋转180度”，提交变换后移动到位置上，效果如图10-11所示。

图10-11 复制梯形并旋转

（11）选择“矩形工具”，在属性栏的“选择工具模式”选项中选择“形状”，将“填充”颜色设为棕色（54，72，100，22），“描边”设置为无，在“家具1”底边绘制一个长条矩形，得到“矩形3”，效果如图10-12所示。

（12）调整图层顺序，使“矩形3”在“形状1”的下方，在“形状1 拷贝”的上方。选择“移动工

图10-12　绘制长条矩形

具 ”，按下Alt键不放，光标变为双箭头，复制并移动“形状1 拷贝”，得到“形状1 拷贝2”，调整图层顺序，使“形状1拷贝2”在“形状1”的下方，在“矩形3”的上方，效果如图10-13所示。

（13）点击“图层控制面板”右下角“创建新图层 ”按钮，新建空白图层，选择“文字工具 ”，颜色（75，78，98，63），在图上相应位置输入“餐厅系列”字样并调整大小位置，效果如图10-14所示。

（14）用相同的步骤制作“客厅系列”图层组，“客厅系列”的不规则四边形可用“形状1”进行复制并在自由变换中选择“水平翻转”得到。最终效果如图10-15所示。

（15）用相同的步骤制作“卧室系列”图层组，选中“家具3”图层，点击“图层控制面板”右下角选择“创建新的填充或调整图层 ”-“曲线”，调整趋势如图10-16所示。最终效果如图10-17所示。

图10-13　复制梯形并调整图层顺序

图10-14　输入文字

图10-15　重复步骤制作“客厅系列”图层组

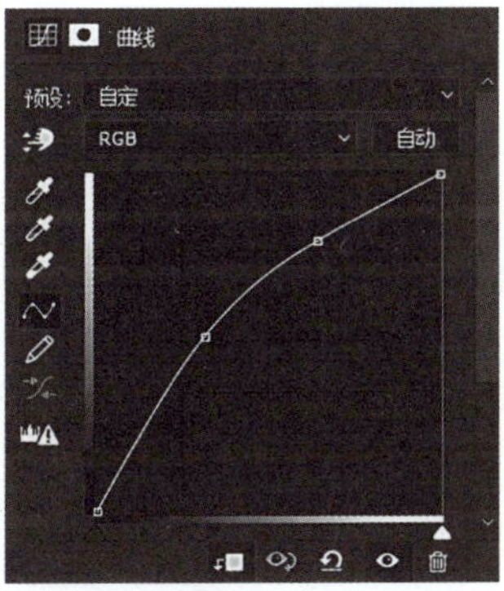

图10-16　调整曲线

图10-17　最终效果

四、项目评价

家居网站往往以美观、温馨作为基调，让顾客因为场景联想而对拥有同款产品产生向往。因此，此项目中以温暖且优雅的主色调来贯穿整个页面，搭配以明亮且和谐的家居照片，以此来强调和烘托主题家具。

五、工具使用

本案例主要使用同色系叠加来进行色彩搭配，使用钢笔工具和曲线调节等方式对网页图片等主体进行美化和装饰。

第三节　项目二——汽车网站首页制作

一、项目引入

标签是网页设计中必备的元素之一。它以独立小巧的形式存在，将一些重要信息放在显眼位置，一方面丰富了页面元素，一方面以最有效直观的方式传达了信息。

二、项目实施

本案例讲解汽车网页的首页制作，重点在于用未来科技的风格来呈现产品特色以及品牌特点。最终效果如图10-18所示。

图10-18　汽车网站首页制作

（1）按Ctrl+N组合键新建一个文件“汽车网站首页”，宽度为1100像素，高度为786像素，分辨率为72像素 / 英寸，颜色模式为RGB，背景内容为黑色。单击“创建”按钮，新建文件。

（2）按Ctrl+O组合键打开“汽车1”图片文件，拖入画布调整大小位置，重命名图层为“汽车1”，效果如图10-19所示。

图10-19　打开“汽车1”素材

（3）按下Ctrl键+鼠标左键点击“汽车1”图层缩略图，使整个“汽车1”图层被选中，在菜单选择“选择”-“修改”-“羽化”，羽化半径：50像素；在菜单选择“选择”－“修改”－“收缩”，收缩量：30像素。“选择”－“反选”，按键盘上Delete键，如果不够效果，可以再重复按一次。按Ctrl+D组合键取消选择，效果如图10-20所示。

（4）按Ctrl+O组合键打开“汽车2”和“汽车3”图片文件，拖入画布调整大小位置，重命名图层为“汽车2”和“汽车3”，效果如图10-21所示。

（5）选择“圆角矩形工具”，在属性栏的“选择工具模式”选项中选择“形状”，“填充”设置为

图10-20　素材处理效果

图10-21　打开“汽车2”“汽车3”素材

白色，“描边”设置为无，半径20像素，绘制一个比“汽车2”略小的圆角矩形，得到“圆角矩形1”，效果如图10-22所示。

（6）选择“移动工具”，按下Alt键不放，光标变为双箭头，复制并移动“圆角矩形1”，得到“圆角矩形1 拷贝”，效果如图10-23所示。

（7）调整图层顺序，使“圆角矩形1”在“汽车2”下方，右键点击“汽车2”，选择“创建剪贴蒙版”。选中“圆角矩形1”图层，单击“图层控制

图10-22　绘制圆角矩形

图10-23　复制圆角矩形

面板”右下角“添加图层样式”按钮，选择“外发光”，不透明度70%，颜色设为蓝紫色（76，70，29，0），扩展10%，大小30像素。效果如图10-24所示。

（8）调整图层顺序，使“圆角矩形1 拷贝”在“汽车3”下方，右键点击“汽车3”，选择“创建剪贴蒙版”。单击“圆角矩形1”图层，右键选择“拷贝图层样式”，单击“圆角矩形1 拷贝”图层，右键选择“粘贴图层样式”，效果如图10-25所示。

图10-24　剪贴蒙版效果

图10-25　粘贴图层样式

（9）选择“文字工具”，颜色白色，在“汽车2”和“汽车3”图片下方分别输入“VR全景”和“现场试车”。单击“圆角矩形1”图层，右键选择“拷贝图层样式”，分别单击“VR全景”和“现场试车”图层，右键选择“粘贴图层样式”，效果如图10-26所示。

（10）选择“圆角矩形工具”，在属性栏的“选择工具模式”选项中选择“形状”，“填充”设置为白色，“描边”设置为无，半径5像素，在画面中绘制一个圆角矩形，得到“圆角矩形2”，效果如图10-27所示。

图10-26　输入文字

图10-27　绘制按钮

（11）选中“圆角矩形2”图层，单击“图层控制面板”右下角“添加图层样式”按钮，选择“描边”，大小3像素，不透明度97%，颜色设为蓝紫色（76，70，29，0），点击确定。单击“图层控制面板”右下角“添加图层样式”按钮，选择“渐变叠加”，混合模式：正常，不透明度100%，渐变设置为蓝紫色到黑色渐变，角度：90度，点击确定，效果如图10-28所示。

（12）选中“圆角矩形2”图层，拖拽到“图层控制面板”右下角“创建新图层”按钮上，得到复制的“圆角矩形2 拷贝”，下移到“圆角矩形”下方，右键选择“栅格化图层”，右键选择“栅格化图层样式”，得到像素化的“圆角矩形2 拷贝”图层。选中“圆角矩形2 拷贝”图层，单击“图层控制面板”右下角“创建矢量蒙版”按钮，选中“圆角矩形2 拷贝”图层右侧矢量蒙版，选择“渐变工具”，单击属性栏“渐变编辑器”，渐变设置白色到黑色渐变，按住Shift键从上到下拉出渐变，使“圆角矩形2 拷贝”成为“圆角矩形2”的倒影，效果如图10-29所示。

图10-28　制作按钮效果

（13）选择“移动工具”，按下Alt键不放，光标变为双箭头，复制并移动“圆角矩形2”和“圆角矩形2 拷贝”，得到一共五组按钮及倒影，效果如图10-30所示。

图10-29　制作倒影效果

图10-30　复制并移动

（14）点击“图层控制面板”右下角“创建新图层”按钮，新建空白图层，选择“文字工具”，颜色浅紫色（18，14，0，0），在图上相应位置输入“资讯速递”“优惠活动”“相关下载”“门店简介”和“线上客服”字样并调整大小位置，效果如图10-31所示。

图10-31　最终效果

三、项目评价

汽车主题网站一般以潮流和酷炫为主基调，尤其是车身照片上的流线和反光，往往引起消费者的极大兴趣。因此，本项目将整个网页设计都往车身的设计方向靠拢，达到了一致性的视觉效果。

四、工具使用

本案例中主要使用了选取工具与模糊滤镜来处理照片，用渐变工具以及图层外发光来营造发光和反光倒影效果。

本章总结

网站的种类和功能有很多种，在实际应用中，要根据客户需求，从功能和美观这几个方面来调整效果。读者在熟悉基本工具的基础上合理运用各种工具来进行网站网页的设计，得到丰富的效果。

课后作业

甜品网站首页制作

使用“横排文字工具”和“描边”制作网站信息，使用“矩形工具”和“剪贴蒙版”制作产品图片。最终效果如图10-32所示。

（1）按Ctrl+O组合键打开“背景.jpg”，效果如图10-33所示。

（2）按Ctrl+O组合键打开“素材1.jpg”到“素材7.jpg”，拖入画布并依次调整大小和位置，效果如图10-34所示。

（3）在“素材1”图层上方新建空白图层，选择矩形工具，在其属性栏选择形状，颜色：白色，描边：无，绘制矩形，使“矩形1”能够盖住“素材1”图片中的主体。同样方法在“素材2”图层上方新建空白图层，绘制“矩形2”盖住“素材2”的主体，重复复制图层“矩形2”并移动调整以盖住其他素材，效果如图10-35所示。

（4）选中图层“矩形1”，点击右键选择“混合选项-描边”，大小：10像素，位置：外部，颜色：紫色（#803b9b），复制图层效果并粘贴到其他矩形所分别在的图层，效果如图10-36所示。

图10-32　甜品网站首页制作

图10-33　导入背景

图10-34　打开素材“素材1”～“素材7”

图10-35　绘制矩形

图10-36　添加描边

图10-37　剪贴蒙版效果

图10-38　最终效果

（5）将“矩形1”图层移至“素材1”的下方，右键点击“素材1”图层，选择“创建剪贴蒙版”。重复这个步骤，对余下所有图片创建剪贴蒙版，效果如图10-37所示。

（6）选择文字工具输入“MILKSHAKE”，字体大小：120点，输入“HANDMADE DELICIOUS”，字体大小：80点。选中文字层“MILKSHAKE”，点击右键选择“混合选项-描边”，大小：10像素，位置：外部，颜色：紫色（#803b9b），点击确定，复制该描边效果，选择文字层“HANDMADE DELICIOUS”进行粘贴，完成效果如图10-38所示。

图10-39　美妆类网站首页制作

思考拓展

美妆类网站首页制作

制作自然主题美妆类网站首页，效果如图10-39所示。

课程资源链接

课件、拓展资料

第十一章 商业海报设计

本章主要介绍海报设计的相关知识点，共设两个学习任务。通过本章的学习，读者能够对海报设计的基本概念有较为清晰的了解，熟识海报的设计思路和技巧，掌握海报设计的制作方法。通过任务实践练习，掌握海报的绘制的基本技能，具备一定的海报设计能力和制作技巧。

知识目标

（1）了解海报的概念。

（2）了解海报的种类和特点。

（3）了解海报的表现形式。

能力目标

（1）能独立完成海报绘制。

（2）掌握海报的制作方法和技巧。

（3）掌握海报的设计思路。

第一节 知识储备——海报设计概述

海报是一种用于传播信息的广告媒介形式，是一种大众化的宣传工具。海报的作用是为了宣传，通过画面视觉效果向消费者推销产品或者展示主题目的和设计意图。

海报设计是基于计算机平面设计技术应用的基础上，随着广告行业发展所形成的一个新职业。该职业技术的主要特征是对图像、文字、色彩、版面、图形等表达广告的元素，结合广告媒体的使用特征，在计算机上通过相关设计软件来为实现表达广告目的和意图，来进行平面艺术创意性的一种设计活动或过程。

海报设计可以充满无数可能，它不必墨守成规，可以大胆创新，创意无限。

一、认识海报

海报又称招贴画或平面广告，是视觉传达艺术的表现形式之一，最能展现平面设计的形式特征。海报可以是贴在街头墙上，也可以是挂在橱窗里的大幅画作，以其醒目的画面吸引路人的注意。在学校里，海报常用于文艺演出、运动会、故事会、展览会、家长会、节庆日、竞赛游戏等活动。在商业用途中，海报很大程度上代表了企业的形象，可以说海报主要扮演的是推销员，通过画面视觉效果向消费者推销产品，同时，海报在很大程度上也代表了企业的形象，是提升产品竞争力的重要工具。

海报设计总的要求是使人一目了然、意图明确，通常以最简洁的语句概括出主旨，是一种用于传播信息的广告媒介。当然，优秀的海报设计作品也是极具审美价值和艺术价值的。

二、海报的常见类型

1. 海报的类型

海报按照其用途不同大致可以分为商业海报、文化海报、电影海报和公益海报，如图11-1所示。

商业海报是指宣传商品或商业服务的商业广告性海报。商业海报的设计，要恰当地配合产品的格调和受众对象。

文化海报是指各种社会文娱活动及各类展览的宣传海报。展览的种类很多，不同的展览都有它各自的特点，设计师需要了解展览和活动的内容才能运用恰当的方法表现其内容和风格。

电影海报主要是用来宣传电影、吸引观众注意、刺激电影票房收入，与戏剧海报、文化海报等类似。在电影海报中，通常会伴有电影的名称、时间、演员和内容等。

公益海报是带有一定思想性的，从社会公益的角度出发，传递一种社会正能量。这类海报具有特定的对公众的教育意义，其海报主题包括各种社会公益、道德的宣传，或政治思想的宣传，弘扬爱心奉献、共同进步的精神等。

2. 海报的表现形式

海报以文字为主的视觉表现，文字的组织方

商业海报　文化海报　电影海报　公益海报

图11-1　海报图片

式、表达内容和构成方式决定了其表现形式。在对这种以文字为主的海报中，要了解每个文字的意义，并把他们放在合适的位置，共同表达海报的主题。

以图形+文字为主的视觉表现，图形的意义就十分重要，它比文字更具有表现力。图形可以用具象化、别具一格的形象化语言将海报主题传达给观众，促使观众可以准确地了解海报信息，以及其所表达的内容。

在海报的表现和表达中，还要处理好图文关系，根据合适的主题和内容，对海报的视觉设计选择是以文字表达为主，还是图形设计为主。

三、海报设计的基本原则

海报设计需要考虑构图、元素、色彩、形式等多方面的因素，形成直达主题的视觉效果。要想设计出具有影响力的海报设计作品可以遵循以下三点原则。

1. 一致性原则

对于很多设计者来说，在设计海报的时候必须要将其看作一个艺术品来进行设计，如果说将其看作普通的设计作品的话，很容易造成混乱。为了能够更加吸引消费者来进行关注，在设计过程当中，设计师必须要对设计流程做好清晰的认识，从一开始就需要明确设计方向，包括大标题的选择，资料的筛选，图片以及标志的排版等，如果没有提前明确这些内容的话，很容易使海报变得混乱不堪。

2. 重复性原则

进行海报设计的时候，一定要注意重复性的设计原则。想要使得作品当中的所有元素都保持一致，那么较好的方法就是对某些图形或者是颜色进行重复的设计。我们能够看到在一个设计元素的平面当中，会有一部分的内容被重复地应用，通过这样的方式就能够使得人的眼睛随着设计的元素来进行移动，并且在视觉上将他们认为是一个整体，潜意识地将这些内容之间画上连线。

3. 关联性原则

想要使得海报的设计作品更具特色，那么就可以采用关联性的原则来进行设计，也可以将其称之为分组。由于关联性是通过一个自然的规律来进行设计的，比如说物以类聚，通常我们在看到的海报页面当中，它的设计内容是由各个不同的部分来进行组成的，将这些部分井井有条地摆放在一起，就会形成一个良好的设计作品。但是细心地观察后就会发现，虽然说这些内容各不相同，但是相互之间的关联性很大。

第二节　项目一——公众号宣传海报制作

一、项目引入

宣传类海报的设计要求为：①吸引读者的注意；②帮助潜在的读者或消费者形成购买意向；③引导读者记住相关的信息。因此，在海报的构图设计中，主要突出的图片或文字要放在醒目的位置，相应的文字或者标语可以与主要构图元素相辅相成，更具表现力地加强信息的传递和传播。本节通过实操演练的方式讲授具有滤镜效果的海报绘制操作。实操任务中涉及的知识点包括滤镜效果的处理、模糊工具的训练，以及海报清晰明了的构图方式方法。

二、项目实施

海报主要用于宣传，展示健身俱乐部情况，故此在整体布局时体现动感和个性化。海报的构图上采用斜向构图，在设计思路上，使用健身房的实景照片作为背景，营造出热情、有活力的氛围；使用深色背景搭配浅色文字，画面以教练和器材为主体，效果直观；文字的设计与整个设计风格相呼应，让人印象深刻。图文搭配合理，具有美感。整个海报的设计体现出俱乐部的主要项目特色及健康生活的理念，效果如图11-2所示。

三、项目演示

案例学习目标： 掌握海报设计的基本构成。

案例知识要点： 掌握移动、对齐、滤镜工具的灵活运用，使用混合模式制作图层的融合，使用”照片滤镜”命令为图像加色。

图11-2　公众号宣传海报效果图

（1）按Ctrl＋N组合键，新建一个文件，宽度为750像素，高度为1181像素，分辨率为72像素／英寸，颜色模式为RGB，背景内容为黑色。单击“创建”按钮，新建文件。

（2）选择“矩形”工具，在属性栏中的“选择工具模式”选项中选择“形状”，将“填充”颜色设为白色，“描边”颜色设为无。在图像窗口中适当的位置绘制矩形，如图11-3所示。在“图层”控制面板中生成新的形状图层“矩形1”。

（3）选择“直接选择”工具，选取需要的锚点，按住Shift键的同时，拖拽锚点到适当的位置，效果如图11-4所示。

（4）按Ctrl+O组合键，打开本书素材文件。选择“移动”工具，将图像拖拽到新建的图像窗口中适当的位置，效果如图11-5所示。在“图层”控制面板中生成新的图层，将其命名为“图片”。按Alt+Ctrl+G组合键，为“图片”图层创建剪贴蒙版，如图11-6所示，效果如图11-7所示。

（5）将“图片”图层拖曳到控制面板下方的“创建新图层”按钮上进行复制，生成新的图层“图片拷贝”。按Alt+Ctrl+G组合键，为“图片拷贝”图层创建剪贴蒙版，单击“图片拷贝”图层左侧的眼睛图标，隐藏该图层，如图11-8所示。

（6）选中“图片”图层。选择“滤镜-杂色-添加杂色”命令。在弹出的对话框中进行设置，如图11-9所示，单击“确定”按钮。效果如图11-10所示。

图11-3　矩形工具填充

图11-4　直接选择工具选取锚点并拖拽

图11-5　素材图片

图11-6　创建剪贴蒙版图层

图11-7　效果过程示意

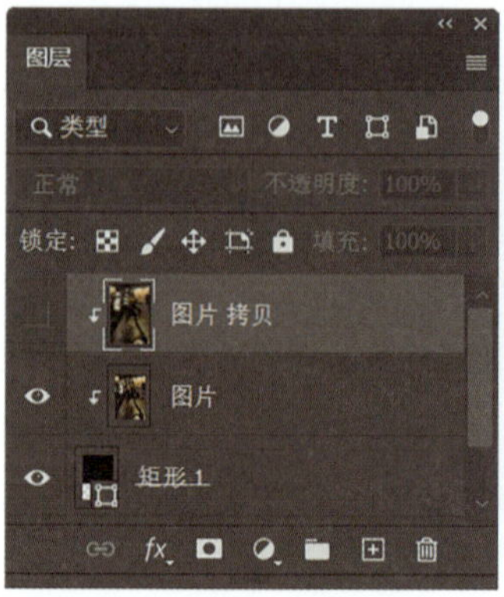

图11-8　创建图片拷贝图层

图11-9　图片图层添加杂色

图11-10　滤镜添加杂色效果

（7）选择“图片拷贝”图层。单击左侧的空白图标■，显示该图层。在“图层”控制面板上方，将该图层的混合模式选项设为“柔光”。选择“滤镜-其他-高反差保留”命令，在弹出的对话框中进行设置，如图11-11所示。单击“确定”按钮，效果如图11-12所示。

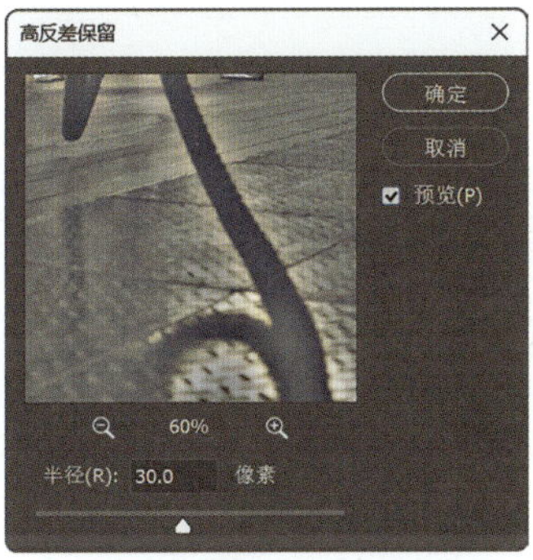

图11-11　图片图层添加高反差保留

图11-12　滤镜添加高反差保留效果

（8）单击“图层”控制面板下方的“创建新的填充或调整图层”按钮◙，在弹出的菜单中选择“照片滤镜”命令。在“图层”控制面板中生成“照片滤镜1”图层，同时弹出相应的“属性”控制面板。将颜色选项设为橙色（236、138、0），其他选项的设置如图11-13所示。按Enter键确认操作，效果如图11-14所示。

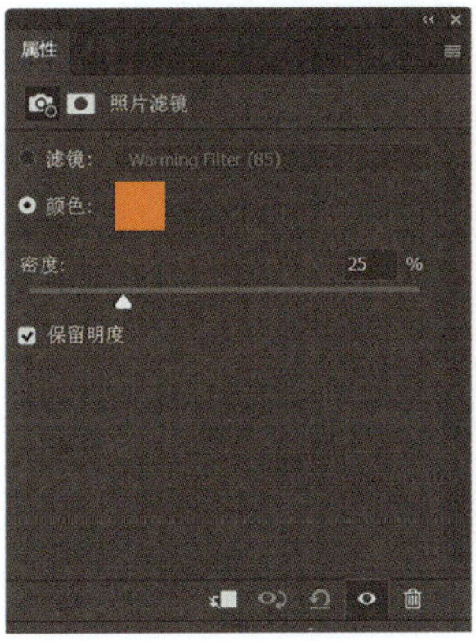

图11-13　图片图层添加照片滤镜

图11-14　滤镜添加照片滤镜效果

（9）选择“矩形”工具■，在属性栏中将“填充”颜色设为橙色（236、138、0）。“描边”颜色设为无。在图像窗口中适当的位置绘制矩形，如图11-15所示。在“图层”控制面板中生成新的形状图层“矩形2”。

图11-15　添加图层“矩形2”

（10）选择“直接选择”工具▶，选取右下角的锚点，按住Shift键的同时，拖拽锚点到适当的位置。用相同的方法调整其他锚点，效果如图11-16所示。

（11）在“图层”控制面板上方，将“矩形2”图层的混合模式选项设为“正片叠底”。

图11-16　矩形2形状锚点拖拽

（12）按Ctrl+O组合键，打开素材文件。选择“移动”工具，将图片拖曳到新建的图像窗口中适当的位置，如图11-17所示。在“图层”控制面板中生成新图层，将其命名为“文字和图片”。公众号宣传海报制作完成。

图11-17　制作完成

四、项目评价

海报的特点是张贴在公共场所，公众号的海报宣传主要是在线上媒介宣传。此类海报的表现形式以艺术表现力为主，需要给读者直观和直接的信息输入。在项目实操练习中，需紧紧地抓住简洁、明了这一设计主题，用突出的文字、图形、大面积的空白和简练的符号语言，将海报变成视觉焦点。本案例在实操过程中，将使用滤镜命令调整主体图片，使用混合模式制作图层的融合，为图像增添强有力的设计效果。

五、工具使用

本案例主要使用移动工具、描边工具、颜色填充以及添加杂色、高反差保留滤镜命令，图层样式等工具组搭配完成。其中滤镜工具主要用于完成主题图片的效果制作；标尺工具主要运用于图标图形的尺度规范制作；描边和文字工具主要用于文字效果的最终表现。在使用渐变工具制作文字渐变效果时，需理解整体二维表达和表现中色调调整的基本方法，注重海报的整体效果。

第三节　项目二——房地产宣传海报制作

一、项目引入

房地产宣传海报是以建筑宣传为主要内容，突出建筑形体的同时，表达品质要求与使用定位，同时包含自身特色及其他基本信息。在设计思路上，使用深色背景起到衬托的作用，突出前方的主体；以建筑实物照片作为主体元素，辅以同色系线条图案，丰富主题内容。

二、项目实施

在项目实施过程中，使用提取后的建筑实景照片作为中心主体。本项目在实际操作中使用“快速选择”和“多边形套索”工具进行抠图，提取主体建筑；使用“Camera Raw”滤镜命令调整主要目标图形片；使用“直线”“矩形”“椭圆”和“钢笔”等绘图工具进行背景图案的绘制。具体如效果图11-18所示。

图11-18　房地产宣传海报效果图

图11-19　素材图片导入

图11-20　素材图片抠图处理

三、项目演示

（1）选择“文件-新建”命令，新建一个大小合适的空白文档。设置“前景色”为深蓝色，设置完成后使用快捷键Alt+Delete进行前景色填充。选择“文件-置入嵌入对象”命令，选择素材，调整大小放在画面中并将素材图层栅格化，如图11-19所示。

（2）选择素材图层，单击工具箱中的“快速选择”工具按钮，在选项栏中单击“添加到选区”按钮，设置大小合适的笔尖，绘制出选区。中间镂空的部分需要设置选区模式为“从选区中间去”，并配合“多边形套索”工具进行抠图，如图11-20所示。

（3）选择素材图层，单击“图层”面板底部的“添加图层蒙版”按钮，为该图层添加图层蒙版，并将不需要的部分隐藏，如图11-21所示。画面效果如图11-22所示。

图11-22　添加蒙版后效果

（4）选择素材图层，选择“滤镜-Camera Raw滤镜”命令，在弹出的Camera Raw窗口中单击“基本”按钮，设置“曝光”为+0.2，“对比度”为+30，“高光”为-50，“阴影”为-30，“白色”为-100，“黑色”为-20，“清晰度”为+100，“自然饱和度”为-45，“饱和度”为-30，如图11-23所示。

图11-21　图层面板-添加蒙版

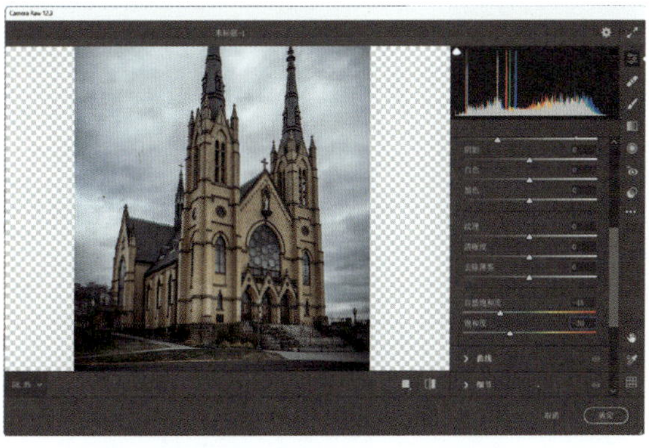

图11-23　素材图片添加Camera Row滤镜

（5）单击“细节”按钮，在“锐化”面板中设置“数量”为90，“半径”为1.0，“细节”为50；在“减少杂色”面板中设置“明亮度”为36，“明亮度细节”为50。

（6）单击“混色器”按钮，设置“红色”为+15，“橙色”为+20，“蓝色”为+30，接着单击“分离色调”按钮，在“阴影”面板中设置“色相”为36，“饱和度”为40。

（7）选择工具箱中的“椭圆”工具，在选项栏中设置“绘制模式”为“形状”“填充”为无，“描边”为淡橘色，“大小5像素，选择“合并形状”。设置完成后在画面中按住Shift键的同时按住鼠标左键绘制一个正圆，如图11-24所示。此时需注意调整图层的顺序，将圆环图层放在建筑的下方。

图11-24　绘制正圆图形

（8）单击工具箱中的“矩形”工具按钮，在选项栏中设置“合并模式”为“合并形状”，在描边正圆下方位置绘制矩形，如图11-25所示。

（9）选择工具箱中的“直线”工具，在选项栏中设置“绘制模式”为“形状”，“填充”为淡橘色，“描边”为无，“粗细”为5像素，设置完成后在画面中绘制直线。然后使用同样的方法继续绘制直线。效果如图11-26所示。

（10）单击工具箱中的“钢笔”工具按钮，在选项栏中设置“绘制模式”为“形状”，“填充”为淡橘色，“描边”为无，设置完成后在建筑右边位置绘制形状，如图11-27所示。

图11-25　绘制矩形

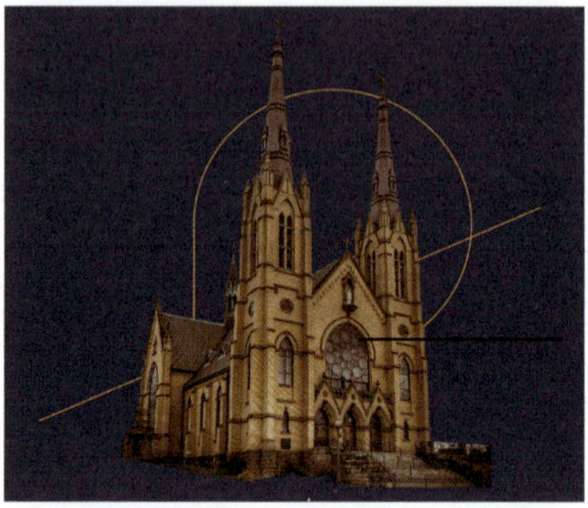

图11-26　绘制直线（两次）

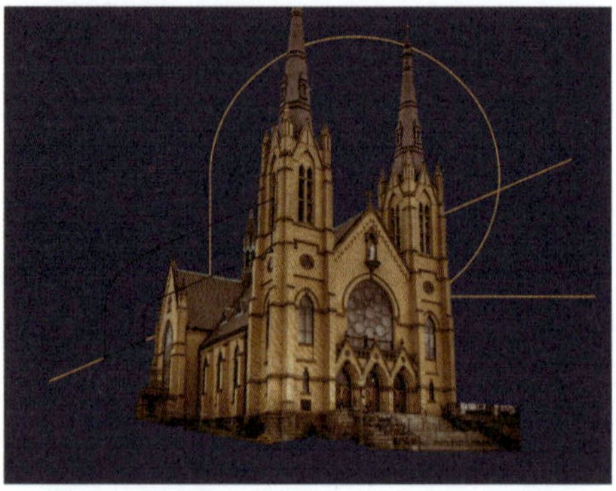

图11-27　绘制形状

（11）选择工具箱中的“椭圆”工具，在选项栏中设置“绘制模式”为“形状”，“填充”为淡橘色，“描边”为无，设置完成后在直线端点位置按住Shift 键的同时按住鼠标左键绘制一个正圆。然后多次复制该正圆，并摆放在合适的位置上。效果如

图11-28所示。

（12）选择下具箱中的“自定形状”工具，在选项栏中设置“绘制模式”为“形状”，“填充”为淡橘色，“描边”为无，在“形状”下拉菜单中选择“菱形”，设置完成后在画面左边位置绘制菱形。

（13）使用“移动”工具选择菱形图层，按住Alt键的同时按住鼠标左键将菱形向右拖动进行复制。然后使用同样的方法复制多个菱形，效果如图11-29所示。按住Ctrl键依次加选各个图层，将其编组命名为“菱形”。

注意：为了使多个图形能够均匀排布，可以在复制出一行的时候选中这些图层，并进行对齐、分布的设置。

图11-28　再次绘制正圆形

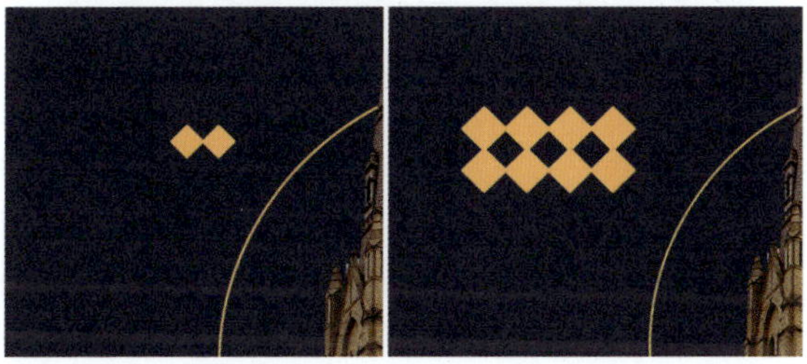

图11-29　绘制菱形

（14）选择“菱形”图层组并将其复制一份，然后选择复制得到的图层组。

（15）为制作完成的图像叠加一个金色图案。选择“文件-置入嵌入对象”命令，选择素材02，调整大小放画面中并将该图形栅格化处理，如图11-30所示。将素材放在“图形”图层组上方，选择该图层组右击，执行“创建剪贴蒙版”命令创建剪贴蒙版，将不需要的部分隐藏，如图11-31所示。效果如图11-32所示。

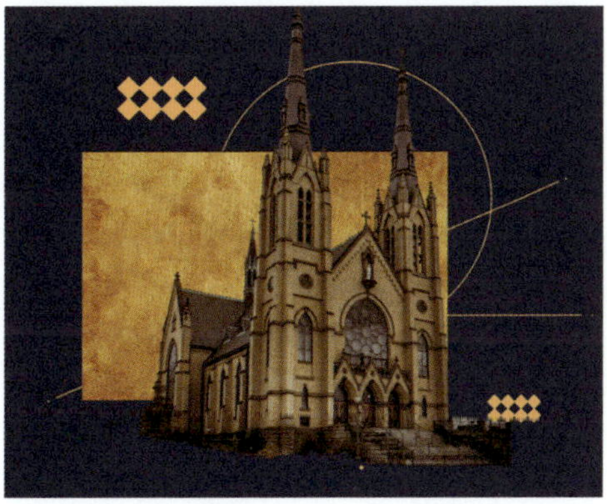

图11-30　置入新素材

图11-31　素材图层创建剪贴蒙版

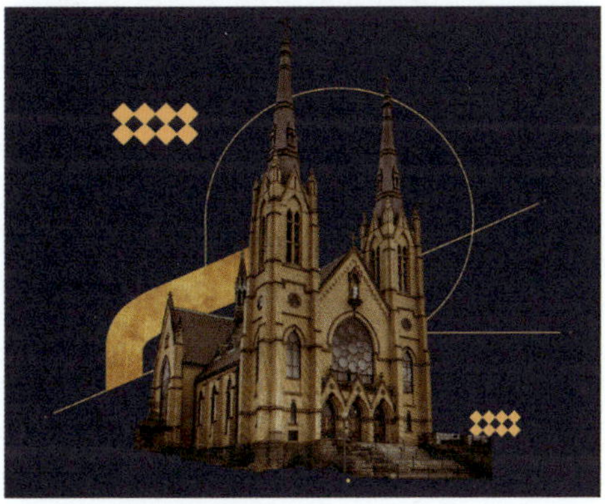

图11-32　过程效果示意

（16）选择工具箱中的“圆角矩形”工具▢，在选项栏中设置“绘制模式”为“形状”，“填充”为无，“描边”为淡橘色，“大小”为5像素，“半径”为15像素，设置后在建筑底部位置绘制圆角矩形。然后选择该图层将其复制一份，选择复制得到的图层将其向左多动，效果如图11-33所示。

图11-33　创建圆角矩形

（17）复制圆角矩形，将其放在建筑的左下方。选择工具箱中的“矩形选框”工具，在多余出来的部分绘制选区。然后选择“选择-反选”命令，将选区反选如图11-34所示。

图11-34　创建新选区

（18）选择该图层，单击“图层”面板底部的“添加图层蒙版”按钮，为当前选区添加图层蒙版，如图11-35所示。使用同样的方法绘制其他的线条，如图11-36所示。

图11-35　添加图层蒙版

图11-36　绘制底部线条

图11-37　置入并调整新图案素材

（19）选择“文件-置入嵌入对象”命令，将素材03置入文档中。调整大小放在画面的左上角位置并将图层栅格化处理。设置该图层的透明度为60%。然后将该图层复制一份放在画面的右下角位置，效果如图11-37所示。此时需要注意调整图层的顺序。

（20）选择“文件-置入嵌入对象”命令，将素材04置入文档中。调整大小放在英文文字下方位置并将图层栅格化。

（21）选择“横排文字”工具T，在选项栏中设置合适的字体、字号和颜色，分别放置在需要的位置。此时画面中的文字添加完成，效果如图11-38所示。

（22）选择工具箱中的“自定形状”工具，在选项栏中设“绘制模式”为“形状”，“填充”为淡橘色，“描边”为无，在“形状”下拉菜单中选择“菱

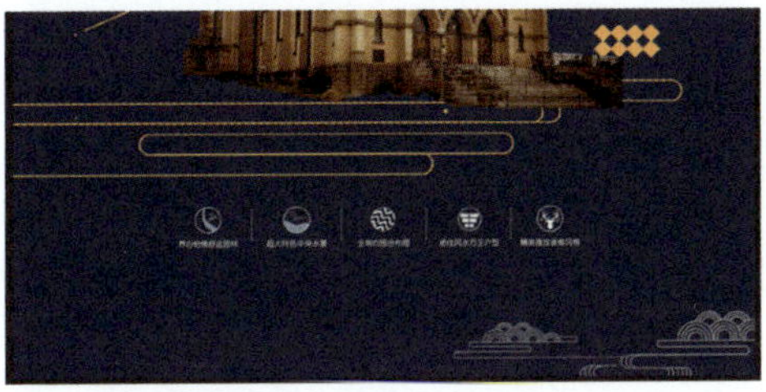

图11-38　添加底部文字

形”，设置完成后在文字左边位置绘制形状，然后将该图形复制一份放在文字右边位置。效果如图11-39所示。底部素材全部添加后，效果如图11-40所示。

（23）选择工具箱中的“钢笔”工具，在选项栏中设置“绘制模式”为“形状”，“填充”为淡蓝色，“描边”为无，设置完成后在画面左下角位置绘制形状。然后将该形状复制一份放在画面的右边位置。效果如图11-41所示。

（24）单击工具箱中的“圆角矩形”工具按钮，在选项栏中设置“绘制模式”为“形状”，“填充”为无，“描边”为淡蓝色，“大小”为2像素，“半径”为10像素，设置完成后在用钢笔绘制的形状右边位置绘制一个圆角矩形，如图11-42所示。

（25）对画面进行整体暗角的添加，使用快捷键Ctrl+Shif+Alt+E进行盖印，得到一个独立的图层，如图11-43所示。

（26）选中盖印得到的图层，选择“滤镜-Camera Raw滤镜”命令，在弹出的Camera Raw窗口中单击“效果”按钮，在“裁剪后晕影”面板中“样式”选择“高光优先”，设置“数量为-38，“中点”为50，“羽化”为50，设置完成后单击“确定”。此时房地产海报制作完成，效果如图11-44所示。

图11-39　添加菱形形状

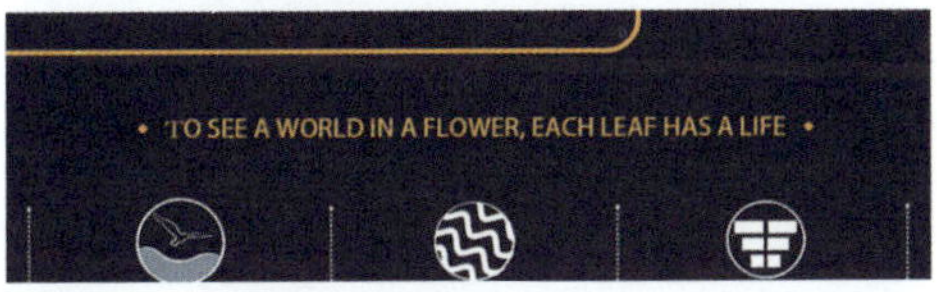

图11-40　底部素材位置

图11-41　使用钢笔工具添加形状

图11-42　添加圆角矩形形状

图11-43　盖印图层

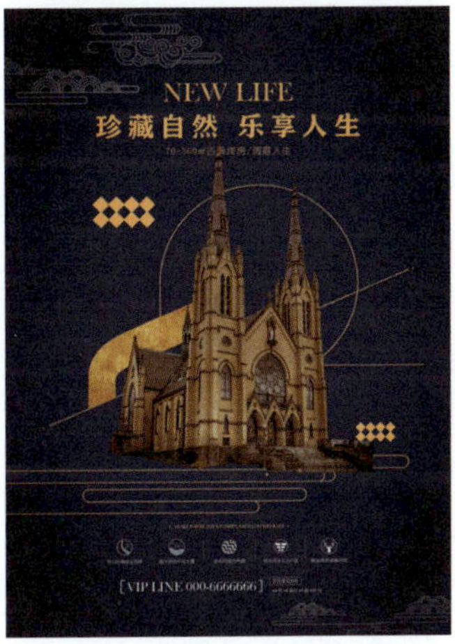

图11-44　制作完成

四、项目评价

海报的制作原则是遵循简约、明确、主题明确的设计原则，要在短时间内抓住读者的注意力。在本方案的实操演练中，涉及到直线、滤镜、蒙版、盖印图层等工具的灵活运用。设计海报的过程中，要呈现出尺寸大、远视性强、艺术性高的表达效果。整合图面效果要简洁大方，充满现代感。

五、工具使用

完成本项目主要用到的工具有绘图工具中的椭圆工具组、矩形工具组，主要用于基础图形的绘制和制作，填充工具主要完成图案的图形色块效果。利用图层蒙版工具，对部分效果进行遮挡，利用滤镜工具，完成对图形的特殊效果处理，利用圆角矩形工具，完成特殊图形的绘制，利用盖印工具，完成最后的效果。

本章总结

本章主要介绍海报设计的要点以及海报设计的制作方法。根据文中的理论与实操知识，包含公众号宣传海报制作和房地产宣传海报制作两个实操任务。实操任务中涉及到的知识点包含绘图工具讲解、滤镜、蒙版的训练、文字工具组等知识点。通过简洁的构成设计，清楚明确地体现主题。

通过本章的学习，读者能够对海报设计的基本概念和设计思路有较为清晰的了解，能够熟识海报的常见分类类型，能够掌握海报设计的基本制作方法和技巧。通过任务实践练习，为读者引入海报设计这类实践性操作。

课后作业

饮料海报设计

设计构思：本案例主要讲解饮料广告的制作，在设计之初首先为饮料定位，从饮料的口感、配方来考虑确定一种与之相符的背景主色调，在选用素材图像的过程中结合饮料瓶身设计采用新鲜水果与瓶身图案相呼应，使整个设计极具谐调的美感，为素材图像制作真实的倒影效果，进一步体现了饮料的品质感，而通过绘制路径所制作的曲线图形更是为设计的整体增添了几分活力。饮料海报设计最终效果如图11-45所示。

操作提示

（1）新建画布，填充颜色并绘制图形，再利用滤镜命令为所绘制的图形制作模糊效果，如图11-46所示。

（2）绘制多边形图形并添加高斯模糊为背景添加点缀效果，添加素材图像并为其制作倒影效果，如图11-47所示。

（3）使用“钢笔工具”绘制路径并利用描边路径的方法在画布中绘制弯曲的图形效果，最后添加素材图像及文字完成最终效果的制作。

图11-45　饮料海报设计效果图

图11-46　使用滤镜制作模糊效果

图11-47　制作倒影效果

思考拓展

电影海报设计

设计构思：本案例主要讲解电影海报的制作，本海报在制作的过程中着重强调了简约及艺术化，通过绘制拟物化的人物图形使海报的艺术感深厚，而单一的蓝色调使文字信息更加明了，同时从视觉上给人一种舒适感。电影海报设计最终效果如前文图11-48所示。

操作提示

（1）新建画布，添加素材图像。将所添加的素材图像去色后利用色阶调整图像对比度。

（2）绘制图形并设置图层混合模式为海报素材图像制作主色调。绘制人物图形及添加文字，完成最终效果的制作。

图11-48　电影海报设计效果图

课程资源链接

课件、拓展资料

第十二章

GIF动画制作

本章主要介绍GIF动画制作的操作知识，介绍GIF动画制作的生成与导出，讲解介绍常用360度产品展示的制作，眨眼动画的制作，下雨动画的制作。通过本章的介绍，读者对Photoshop中图像GIF动画的知识有基本的了解，能对图形图像完成GIF动画制作，能够独立完成产品360° 展示，能够掌握时间轴、帧动画的基本知识。

知识目标

（1）掌握时间轴工具组使用。

（2）掌握动画帧绘制思路。

（3）掌握动画制作的技术。

能力目标

（1）能理解刻画面板的知识点。

（2）能掌握动画编辑器调整技能。

（3）能制作产品展示、眨眼动画等动画类型。

第一节　知识储备——GIF动画初识

一、动画面板

动画面板的打开方法为：单击“窗口”菜单，选择“动画”即可打开和关闭动画面板，如图12-1所示。

动画面板中各部分的功能如下。

当前帧：即动画文件中当前的单幅画面。

当前帧停留时间：当前画面停顿时间，可以在此步骤设置当前帧播放时间。

当前动画文件循环选项：设置当前动画循环播放次数。

选择第一帧：选择动画开始的单幅画面。

选择上一帧：选择上一幅单幅画面。

播放当前动画：预览当前动画。

选择最后一帧：选择当前动画的最后一幅画面。

过滤动画帧：两帧之间的位置、透明度、效果变换。

复制所选帧：复制当前画面。

删除所选帧：删除当前画面。

转换为时间轴动画：转换为更复杂的、功能更强大的动画面板。

二、图层面板增加的选项

当打开动画面板的同时，在图层面板上也会增加一些关于动画制作的选项，图12-2所示。

图层面板中各部分的功能如下。

统一图层位置：统一设定当前图层在所有帧当中显示的位置。

统一图层可见性：统一设定当前图层在所有帧当中是否显示。

统一图层样式：统一调整当前图层在所有帧中的样式。

帧的传播特性：将第1帧的改变传播给所有帧。

三、制作简单的GIF动画

1. 制作编辑动画

打开动画面板，开启动画调板后，即可开始制作动画，在动画调板中点击箭头处的“复制所选帧”按钮，就会看到新增加了一个帧，如图12-3所示。根据人们使用软件的习惯，这个图标可以理解为“新建”，如新建图层等，继续点击，文字解释显示为“复制”，也可以理解为“新建”，此时新增出来的帧其实和前一帧是相同的内容，如图12-4所示。此外，垃圾桶似按钮的作用就是删除帧。

确认动画调板中目前选择的是复制出来的第2帧，然后使用移动工具改变图层中需要制作动画效果的对象，将对象调整为需要的移动路径后，可以观察到第2帧中形状的位置发生了改变，但在原先第1帧中方块的位置依然未变。每个图层中的对象，将对应一个动画帧。

继续执行复制关键帧，调整该关键帧所对应图层中的图像。多次重复之后，可以在时间轴观察到

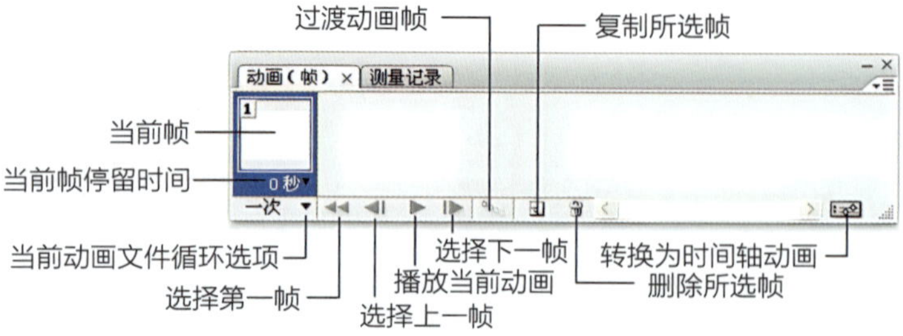

图12-1　动画面板

图12-3　动画帧

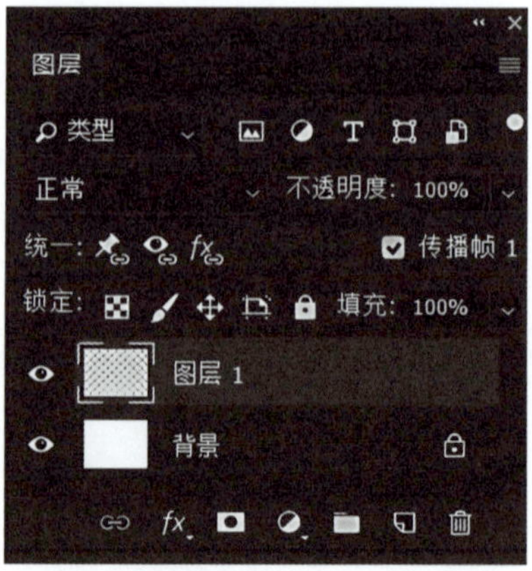

图12-2　动画面板

多个关键帧排列的形式，下一步点击■按钮，即可完成GIF动画效果。如图12-5所示。

图12-4　新建帧

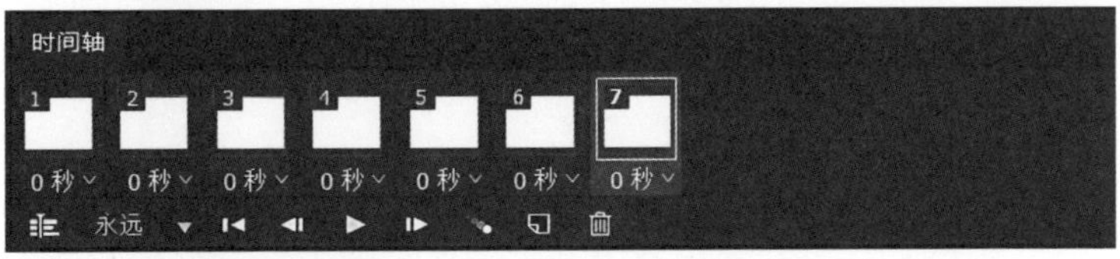

图12-5　所重复新建时间帧

2. 设定帧的延迟时间

（1）点击关键帧中■，向下“■”按钮，即可弹出关键帧的播放时间，如图12-6所示。

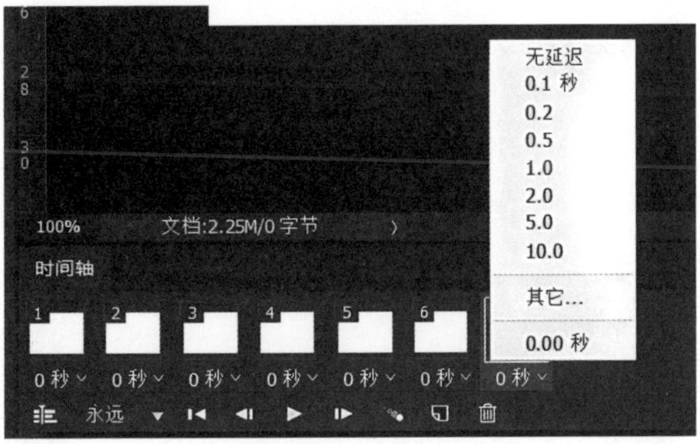

图12-6　设定帧的延迟时间

“无延迟”代表即刻播放。

“0.1、0.2、…、10.0”代表可选择的关键帧停留的时。

“其它”的功能是可以自行设置时间。

（2）动画的循环方式。除去延迟时间外，还设定播放的循环次数。如图12-7所示。

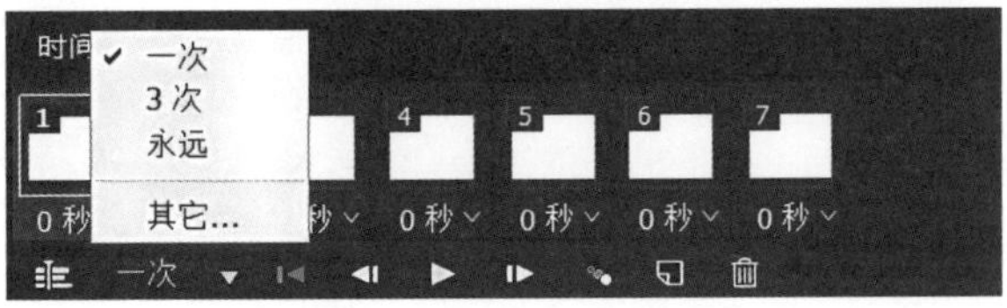

图12-7　设定播放循环

“一次”表示当前所有动画帧播放一遍。

“3次”表示当前所有动画帧播放三遍。

“永远”表示当前所有动画帧可以无限循环播放。

“其它”的功能可设置新播放次数。

（3）动画文件的导出。导出能用于网页的独立动画文件，则需要使用菜单【文件-存储为Web和设备所用格式】，在弹出的“储存为Web所用格式（100%）”设置框选中，将“预设”设置为“GIF128仿色”，其他参数保持默认，点击“储存”即可完成动画的导出。

四、时间轴动画

时间轴方式广泛运用在许多影视制作软件中，如Premiere、AfterEffects等，包括Flash也是采用这种方式。

点击“窗口”/“时间轴”，在时间轴中显示图层调板中的图层名字，其高低位置也与图层调板相同。点击图层左方的箭头标志就会展开该图层所有的动画项目，也就是能制作为动画的要素。在不同图层，其动画项目也有所差别。

普通图层、带蒙版的普通图层、文字图层、调整图层等，这些都属于不同性质的图层。动画的制作不能超出图层自身的动画项目，比如不能对形状层进行“文字变形”。但有些动画项目可以后期再添加，如对文字层添加蒙版后，就令其具备了蒙版的动画项目。在调板左上方有一组数字0：00：00：00，这是当前的时间码，从右端起分别是毫秒、秒、分钟、小时。一般也就用到秒这级。时间码后面还有一个30.00fps，这个就是帧速率，表示每秒多少帧。一般取值为整数，在影视编辑方面才会用到小数帧率。

五、GIF动画导出

通过“文件”-“导出”-“渲染视频”命令就可以输出视频格式，将导出视频的格式选择为AVI，然后点击红色箭头处的按钮进行设置。在视频设置中将绿色箭头处的压缩类型选择为“无”，即可输出一个能在Windows中通过WindowsMediaPlayer播放的视频。

第二节　项目一——360度产品展示动画

一、项目引入

360度产品动画制作主要用于电商销售主图中，通过360动画的形式展示产品的各个角度的细节，帮助消费者快速熟悉产品细节，是现在多个电商平台使用频率较高的产品介绍形式。其原理是通过多个角度的图片快速而且连续地播放，会给人的眼睛产生“视觉暂留”的现象，会呈现出图片中产品正在旋转的运动效果。

二、项目实施

制作之前需要提前拍摄产品的图片。产品的位置高度保持不变，拍摄相机位置不变。然后对产品进行旋转，抓拍需要展示的产品角度图片。将产品图片按照需要展示的顺序依次导入软件，调整上下图层关系。设置动画帧，调整播放时间。

三、项目演示

案例学习目标：掌握动画帧制作。

案例知识要点：原图处理 添加时间轴方法。

（1）打开素材文件，选择“皮包”素材，将素材一起拖动至窗口中。如图12-8所示。

（2）执行“修补工具”，选择“皮包”素材中左上角的标志，选中标志拖动至空白处，去除素材1-6图片中标志。如图12-9所示。

（3）将其他图层的素材依次移动到第一个窗口中来，自由变换Ctrl+T工具，将每个图片调整大小为窗口大小。如图12-10所示。

（4）选择“窗口”，选择“时间轴”，时间轴编辑框选择“创建帧动画”，连续所选创建帧。如图12-11所示。

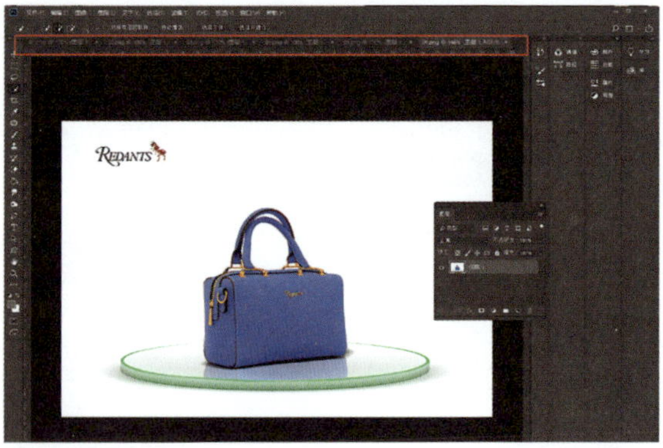

图12-8　打开素材

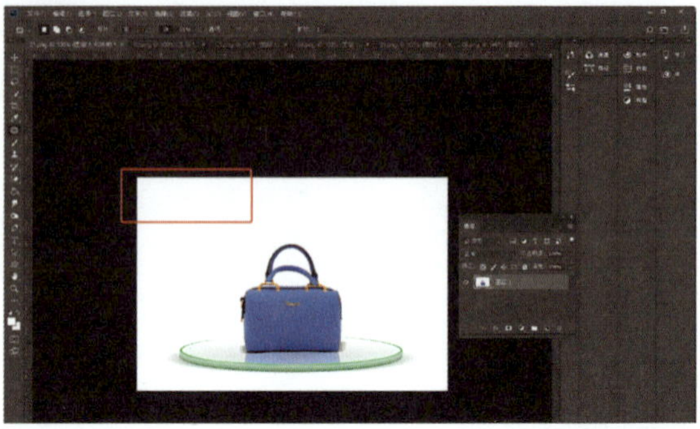

图12-9　去除标志

图12-10　调整素材

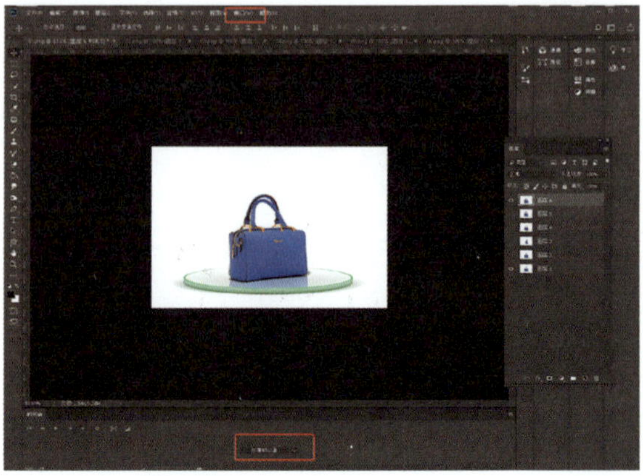

图12-11　创建帧动画

（5）点击连续所选帧，新建所选帧。如图12-12所示。

（6）将所有的图层隐藏，点击第一个“时间帧”，将图层1显示出来；点击第二个“时间帧”，将图层2显示出来；点击第三个“时间帧”，将图层3显示出来，点击第三个“时间帧”，将图层3显示出来；点击第四个“时间帧”，将图层4显示出来；点击第五个“时间帧”，将图层5显示出来；点击第六个“时间帧”，将图层6显示出来。如图12-13所示。

图12-12 连续新建所选帧

图12-13 设置图片与动画帧对应

（7）执行“文件”“存储”命令，点击“导出”，选择“储存为WEB格式（旧式）”，选择文件存储位置，单击“确定”按钮，结束制作。

四、项目评价

本项目的任务设置是读者比较喜爱、对学生综合素质要求较高的课程。在项目实施阶段，要详细理解GIF动画制作的原理，理解并处理好图层之间的关系，操作过程较有趣味性，通过设置播放时间可以控制GIF动画循环播放的时间，根据需要展示产品的细节。

五、工具使用

本项目主要使用修复工具组对图像进行处理，配合图层编辑、时间轴、添加动画帧、设置播放时间等形式，完成GIF动画制作的播放流程，以达到将产品的细节完全展示的需要。在设置图层与动画帧的关系时，要注意控制图层与动画帧的对应关系，以保证动画效果视觉上的流畅度。

第三节 项目二——眨眼动画

一、项目引入

眨眼动画可以包含人物的眨眼动画、动物的眨眼动画、卡通形象的眨眼动画，通过GIF动画的形式，可以增强图像的趣味性及生动性。眨眼动画制作难点是闭眼部分的处理，先要复制图片，处理睁眼和闭眼的效果切换。

二、项目实施

先通过套索工具调整羽化值，复制左边睁眼的图像，通过执行自由变换工具模拟右边睁开眼睛效果，这样就有左眼睁开、右眼闭上、两眼同时睁开的三种效果。同样思路，可以制作闭眼效果的几种情况，可以两只眼睛都闭上，或者其中一只眼睛睁开、两只眼睛都闭上的效果。

三、项目演示

案例学习目标：掌握动画帧制作技能。

案例知识要点：原图眨眼状态图像处理，添加时间轴方法。

（1）打开素材文件，选择“眨眼”素材，执行矩形框选左下角图标，输入快捷键Delete弹出填充对话框，选择“内容识别”，如图12-14所示。

（2）选择套索工具，框选住的左边眼睛，将羽化值调整为10，完成选择Ctrl+J单独复制一个图层，执行自由变换工具，将反向睁眼的效果旋转，如图12-15所示。

（3）将右边睁眼图层关闭，选择套索工具，框选住右边的边闭眼，将羽化值调整为10，完成选择Ctrl+J单独复制一个图层，执行自由变换工具。将反向的睁眼效果旋转，得到闭眼效果，如图12-16所示。

（4）执行“窗口”，点击“时间轴”，将“睁眼”“闭眼”图层关闭。选择“创建帧动画”点击“复制所选帧”，如图12-17所示。

（5）制作GIF效果。选择“图层0”，匹配“时间轴1”；选择“图层1”，匹配“时间轴2”；选择“图层2”，匹配“时间轴3”，按住Shift点击第1个时间轴和第3个时间轴会同时选中所以的时间轴，点击下方时间，将循环播放时间更改为0.2秒。“永远”。即可得到“左眼睁开，右眼闭合”“同时闭合”“左眼闭合，右眼睁开”三种动态效果。如图12-18所示。

（6）执行“文件”“存储”命令，点击“导出”，选择“储存为WEB格式（旧式）”，选择文件存储位置，单击“确定”按钮，结束制作。

四、项目评价

本项目的任务通过设置任务表情的不同状态，模拟睁眼、闭眼的状态，设置左眼睁开右眼闭上、右眼睁开左眼闭上、两只眼睛闭上、两只眼睛睁开四种状态，完成原来相对静止的表情动起来的效果。

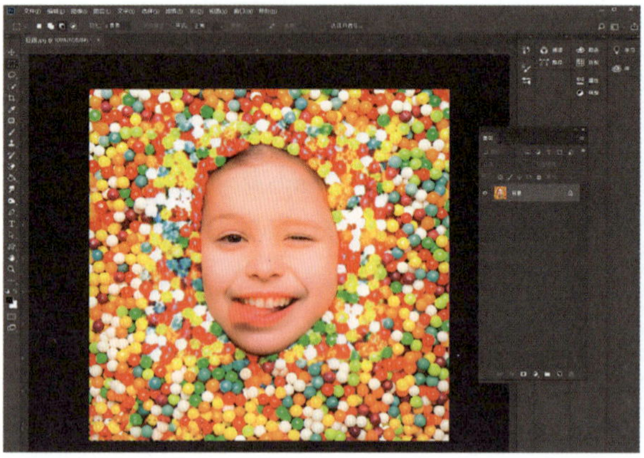

图12-14　案例素材

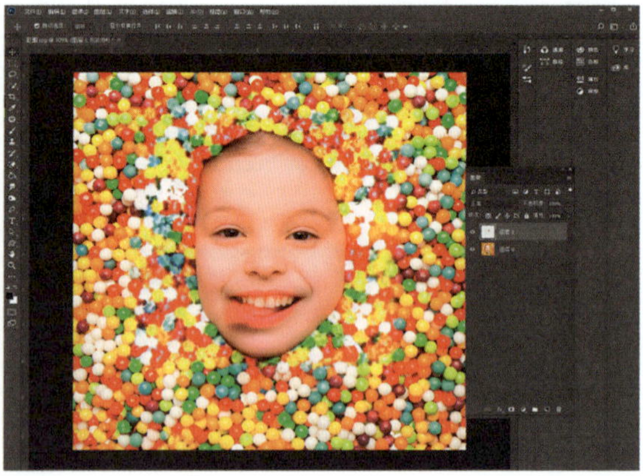

图12-15　制作睁开眼睛效果

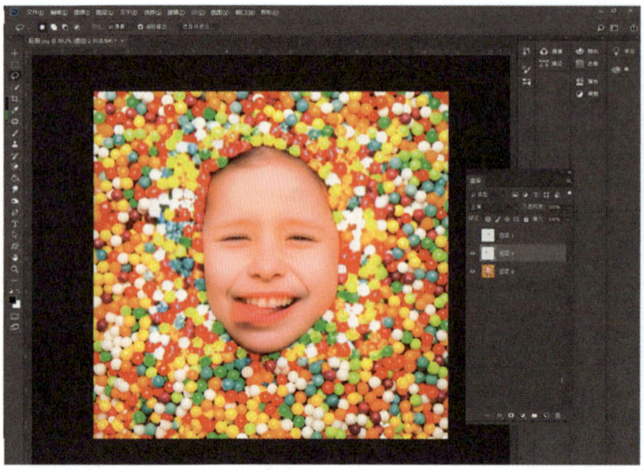

图12-16　闭眼效果

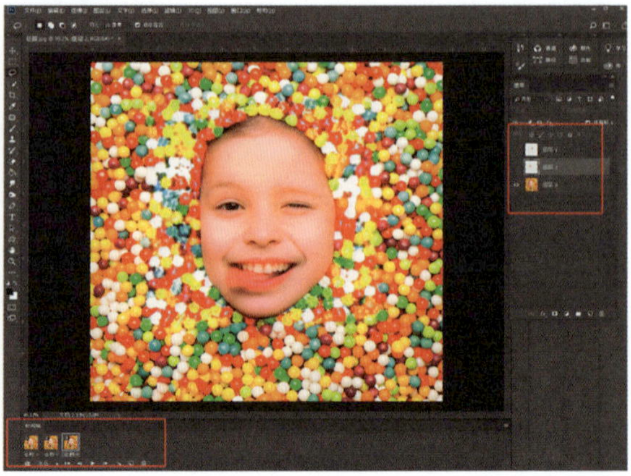

图12-17　设置时间轴

图12-18　三种动画效果

五、工具使用

本项目主要使用工具组对图像进行处理，配合图层编辑、时间轴、添加动画帧、设置播放时间等形式完成GIF动画制作的播放流程。

第四节　项目三——下雨动画

一、项目引入

下雨动画的制作效果可以模拟图片中下小雨的动画效果，使画面富有唯美氛围。

二、项目实施

本项目先需要调整原图的色调，将暖色调调整为清冷的色调。通过滤镜添加杂色和曲线的调整制作雨滴的肌理效果。最后通过自由变换工具调整雨滴效果的密度，利用图层叠加的关系来制作雨滴落下的状态。

三、项目演示

案例学习目标：掌握动画帧制作技能。

案例知识要点：下雨雨滴制作添加时间轴方法。

（1）打开“雨天”素材，执行“滤镜”/Camera Raw滤镜（C），调整色温为-21，清晰度18。如图12-19所示。

（2）新建图层，填充黑，选择“滤镜”-“杂色”，弹出“杂色”对话框，将“杂色”数值调整

图12-19　“滤镜”设置

为400，勾选“单色”。如图12-20所示。

（3）“滤镜”/模糊/“动感模糊、弹出“动感模糊”对话框，角度调整为-55度，距离调整为18。如图12-21所示。

（4）选择图层效果、将图层显示效果更改为“滤色”，再次选择调整图层中“曲线”，弹出“曲线”编辑框，点击■按钮，将曲线底部向右调整，顶部向下调整。如图12-22所示。选择图层1，执行“自由变换”将画面按比例拖动进行放大。如图12-23所示。

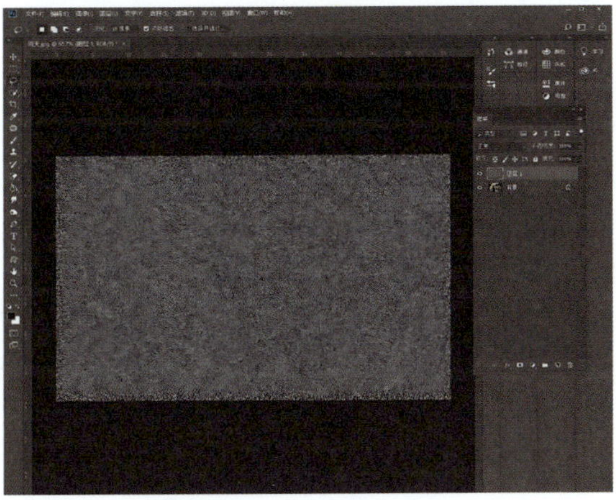

图12-20　添加杂色

图12-21　动感模糊参数设置

图12-23　调整雨滴大小

图12-22　曲线设置

（5）按住Ctrl选择“曲线”效果图层和“图层1”，点击“■”按钮，成立群组，名为“组1”，如图12-24所示。执行鼠标右键“组1”复制新组命名为“组2”，选择组1，并向下移动。执行鼠标右键“组2”复制新组命名为“组3”，选择组2，并向下移动。执行鼠标右键“组3”复制新组命名为“组4”，选择组3，并向下移动。执行鼠标右键“组4”复制新组命名为“组5”，选择组4，并向下移动。如图12-25所示。

（6）组1-4执行隐藏，选择“窗口”/“时间轴”，点击“创建帧动画”，点击■按钮复制5帧动画。选择“帧1”，显示组1，其他组暂时关闭显示。选择“帧2”，显示组2，其他组暂时关闭显示。选择“帧3”，显示组3，其他组暂时关闭显示。选择“帧4”，显示组4，其他组暂时关闭显示。选择“帧5”，显示组5，其他组暂时关闭显示。按住Shift点击第1个时间轴和第5个时间轴会同时选中所有的时间轴，点击下方时间，将循环播放时间更改为0.2秒。循环模式为“永远”。如图12-26所示。

（7）执行“文件”“存储”命令，点击“导出”，选择“储存为WEB格式（旧式）”，选择文件存储位置，单击“确定”按钮，结束制作。

四、项目评价

下雨动画的制作难点在雨滴效果的制作，需要用到滤镜工具组中添加杂色功能。然后接住曲线去调整雨滴的显示状态。本项目的训练涉及滤镜、色调、图层效果三部分的知识点的融合。对原图的色调的调整需要具备一定的调色原理知识。

五、工具使用

完成本项目主要使用的工具有滤镜库、杂色、自由变换、曲线调整等工具组。杂色工具处理雨滴效果，自由变换工具调整雨滴密度，曲线工具调整雨滴显示，通过图层工具与动画帧工具的结合，制作下雨状态的动画效果。

图12-24 成组

图12-25 复制组

图12-26 创建帧动画

本章总结

本章重点讲述了GIF动画的制作方法，并列举了360° 产品展示动画、眨眼动画、下雨动画三个项目进行强化训练。以太阳东升西落动画为作业，巩固GIF动画制作的知识点。实操任务中涉及到的知识点主要包括对原始图像的调整，动画效果分解制作，时间轴工具组的应用，及图层效果的相关调整。

通过本章内容的学习，读者能熟练掌握GIF动画制作的基本方法和技术，并能够制作常见的GIF动画。能够独自完成各种GIF动画效果制作，专业知识得到巩固，审美素养得到提高。

课后作业

太阳东升西落动画

使用形状工具和再制工具绘制太阳形状、图层蒙版工具制作半边太阳效果，时间轴工具和图层显示操作实现太阳的运动效果。

（1）新建工作画布参数如图12-27所示。

（2）执行图形工具中椭圆工具，沿着中心点，按Alt+Shift沿中心点作正圆，去掉正圆的图形填充效果，设置描边的像素为6。执行图形工具中直线工具，沿着竖直的参考线绘制直线，像素为6，直线大小根据正圆的大小比例适度调整。选择直线，执行Ctrl+t自由变换工具，选择中心点，按住Alt键，移动至辅助线的交点上，在状态栏中角度输入45度，按回车键结束指令，如图12-28所示。在上一步基础上执行同时按住Ctrl+Alt+shift+t执行再制指令，制作出太阳光线效果，如图12-29所示。

（3）选择所有的形状图层，点击鼠标右键合并形状，将太阳的效果合并成一个图形。如图12-30所示。更改图形的名称为“太阳”。打开拾色器，调整一个明黄色并填充作为背景色。如图12-31所示。

（4）选中太阳图形执行自由变换指令，缩小图形大小。新建图层，使用图像工具中直线工具，绘制地平线，描边像素为3。复制太阳4个太阳图形，按照太阳东升西落的规律沿着半圆的路径排布太阳图形。对升起、落下的两个太阳图形执行图层蒙版指令，遮住地平线以下的图形部分。并更改相应的图层名称。如图12-32所示。

（5）调整图层的位置，暂时将所有太阳图形隐藏起来。执行“窗口 / 时间”轴指令，弹出时间轴编辑框，点击创建关键帧，创建第一帧，将东升太阳图形的图层显示出来；依照顺序分别创建帧动画，对应显示相应的图层。如图12-33所示。

（6）设置时间轴播放时间为0.1秒，播放状态设置为“永远”。如图12-34所示。

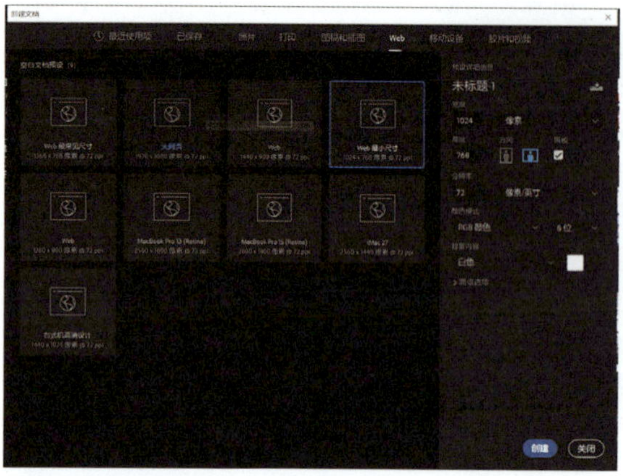

图12-27　新建画布

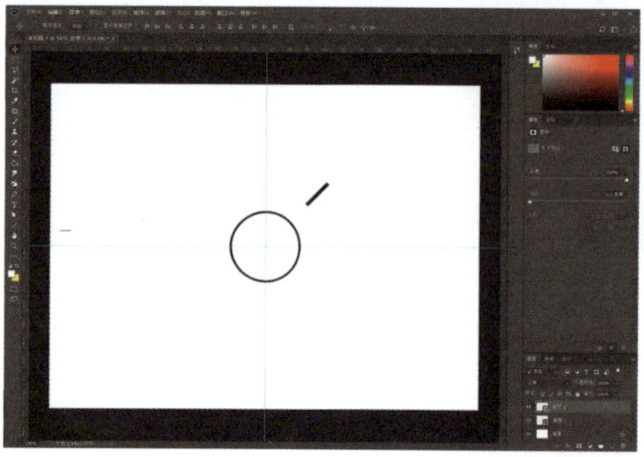

图12-28　绘制太阳

图12-29　绘制发光效果

图12-30　整理图层

图12-31　添加背景

图12-32　时间设置

（7）执行“文件”，导出“储存为WEB格式”。预设选择GIF128仿色，点击储存，输入文件名称，选择保存类型为JPG格式，即完成制作。

图12-33　依次创建帧动画

图12-34　时间设置

思考拓展

小猫咪眨眼睛动画

根据本节讲授的眨眼动画的绘制流程，结合本案例特征进行猫咪眨眼动画效果制作。

图12-35　素材案例

课程资源链接

课件、拓展资料

附录

附录A　操作工具面板的操作

Photoshop CC 2022操作工具面板介绍

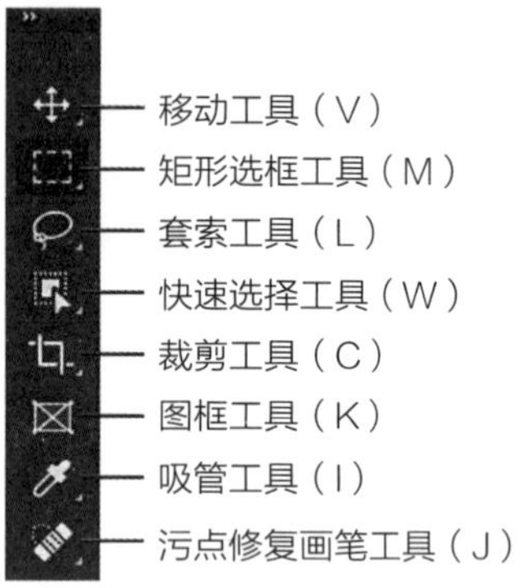

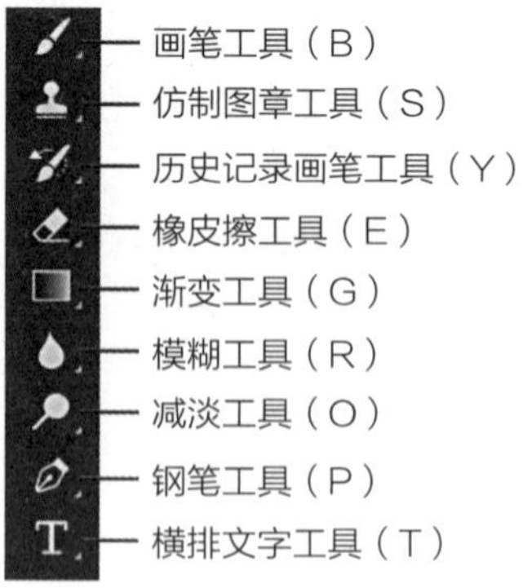

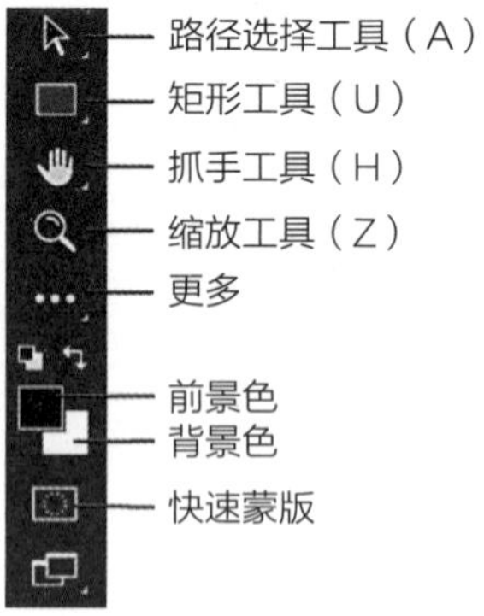

附录B　键盘操作快捷键

操作工具快捷键（一）

工具名称	快捷键	工具名称	快捷键	工具名称	快捷键	工具名称	快捷键
移动工具	V	画笔工具	B	切片选择工具	C	自由钢笔工具	P
画板工具	V	铅笔工具	B	图框工具	K	横排文字工具	T
矩形选框工具	M	颜色替换工具	B	污点修复画笔工具	J	直排文字工具	T
椭圆选框工具	M	混合器画笔工具	B	修复画笔工具	J	直排文字蒙版工具	T
套索工具	L	仿制图章工具	S	修补工具	J	横排文字蒙版工具	T
多边形套索工具	L	图案图章工具	S	内容感知移动工具	J	路径选择工具	A
磁性套索工具	L	历史记录画笔工具	Y	红眼工具	J	直接选择工具	A
快速选择工具	W	历史记录艺术画笔工具	Y	矩形工具	U	切换标准/快速蒙版模式	Q
魔棒工具	W	橡皮擦工具	E	圆角矩形工具	U	切换屏幕模式	F
吸管工具	I	背景橡皮擦工具	E	椭圆工具	U	切换保留透明区域	/
3D材质吸管工具	I	魔术橡皮擦工具	E	多边形工具	U	减小画笔大小	[
颜色取样器工具	I	渐变工具	G	直线工具	U	增加画笔大小	]
标尺工具	I	油漆桶工具	G	自定形状工具	U	减小画笔硬度	{

续表

工具名称	快捷键	工具名称	快捷键	工具名称	快捷键	工具名称	快捷键
注释工具	I	3D材质拖放工具	G	抓手工具	H	增加画笔硬度	}
计数工具	I	减淡工具	O	旋转视图工具	R	渐细画笔	,
裁剪工具	C	加深工具	O	缩放工具	Z	渐粗画笔	.
透视裁剪工具	C	海绵工具	O	默认前景色 / 背景色	D	最细画笔	<
切片工具	C	钢笔工具	P	前景色 / 背景色互换	X	最粗画笔	>

操作键盘快捷键（二）

文 件			
新建…	Ctrl+N	导出为…	Alt+Shift+Ctrl+W
打开…	Ctrl+O	存储为Web所用格式（旧版）	Alt+Shift+Ctrl+S
在Bridge中浏览…	Alt+Ctrl+O	恢复	F12
关闭	Ctrl+W	文件简介…	Alt+Shift+Ctrl+I
关闭全部	Alt+Ctrl+W	打印…	Ctrl+P
关闭并转到Bridge…	Shift+Ctrl+W	打印一份	Alt+Shift+Ctrl+P
存储	Ctrl+S	退出	Ctrl+Q
存储为…	Shift+Ctrl+S 或Alt+Ctrl+S		
编 辑			
还原	Ctrl+Z	剪切	Ctrl+X或F2
重做	Shift+Ctrl+Z	拷贝	Ctrl+C或F3
切换最终状态	Alt+Ctrl+Z	合并拷贝	Shift+Ctrl+C
渐隐…	Shift+Ctrl+F	粘贴	Ctrl+V或F4
选择性粘贴-原位粘贴	Shift+Ctrl+V	选择性粘贴-贴入	Alt+Shift+Ctrl+V
搜索	Ctrl+F	填充…	Shift+F5
内容识别缩放	Alt+Shift+Ctrl+C	自由变换	Ctrl+T
变换-再次	Shift+Ctrl+T	颜色设置…	Shift+Ctrl+K
键盘快捷键…	Alt+Shift+Ctrl+K	菜单…	Alt+Shift+Ctrl+M
首选项-常规	Ctrl+K		
图 像			
调整-色阶…	Ctrl+L	调整-曲线…	Ctrl+M
调整-色相 / 饱和度…	Ctrl+U	调整-色彩平衡…	Ctrl+B
调整-黑白…	Alt+Shift+Ctrl+B	调整-反相	Ctrl+I
调整-去色	Shift+Ctrl+U	自动色调	Shift+Ctrl+L
图像大小…	Alt+Ctrl+I	自动对比度	Alt+Shift+Ctrl+L
画布大小…	Alt+Ctrl+C	自动颜色	Shift+Ctrl+B
记录测量	Alt+Ctrl+M		

图　层			
新建-图层…	Shift+Ctrl+N	排列-置为顶层	Shift+Ctrl+]
新建-通过复制的图层	Ctrl+J	排列-前移一层	Ctrl+]
新建-通过剪切的图层	Shift+Ctrl+J	排列-后移一层	Ctrl+[
快速导出为PNG	Shift+Ctrl+'	排列-置为底层	Shift+Ctrl+[
导出为…	Alt+Shift+Ctrl+'	创建 / 释放剪贴蒙版	Alt+Ctrl+G
图层编组	Ctrl+G	锁定图层…	Ctrl+/
取消图层编组	Shift+Ctrl+G	合并图层	Ctrl+E
隐藏图层	Ctrl+,	合并可见图层	Shift+Ctrl+E
选　择			
全部	Ctrl+A	所有图层	Alt+Ctrl+A
取消选择	Ctrl+D	查找图层	Alt+Shift+Ctrl+F
重新选择	Shift+Ctrl+D	选择并遮住…	Alt+Ctrl+R
反选	Shift+Ctrl+I 或Shift+F7	修改-羽化	Shift+F6
滤　镜			
上次滤镜操作	Alt+Ctrl+F（Windows）或Control+Command+F（Mac）	镜头矫正…	Shift+Ctrl+R
自适应广角…	Alt+Shift+Ctrl+A	液化…	Shift+Ctrl+X
Camera Raw滤镜…	Shift+Ctrl+A	消失点…	Alt+Ctrl+V
3D			
显示 / 隐藏多边形-选区内	Alt+Ctrl+X	显示 / 隐藏多边形-显示全部	Alt+Shift+Ctrl+X
渲染3D图层	Alt+Shift+Ctrl+R		
视　图			
校样颜色	Ctrl+Y	显示-目标路径	Shift+Ctrl+H
色域警告	Shift+Ctrl+Y	显示-网格	Ctrl+'
放大	Ctrl++或Ctrl+=	显示-参考线	Ctrl+;
缩小	Ctrl+-	标尺	Ctrl+R
按屏幕大小缩放	Ctrl+0	对齐	Shift+Ctrl+;
100%	Ctrl+1 或Alt+Ctrl+0	锁定参考线	Alt+Ctrl+;
显示额外内容	Ctrl+H		
窗　口			
动作	Alt+F9或F9	信息	F8
画笔	F5	颜色	F6
图层	F7		
帮　助			
Photoshop帮助	F1		

参考文献

[1] 史晓楠．色彩构成[M]．北京：化学工业出版社，2021: 13-58.

[2] 薛以平，王娜娜，尹毅．DC影像的图形创意表现[M]．北京：中国建筑工业出版社，2016: 44-51.

[3] 尤凤英，谢浩，王娜，李明．Photoshop平面设计项目教程（微课版）[M]．北京：清华大学出版社，2021: 23-32、54-59.

[4] 唯美世界．Photoshop CC平面设计从入门到精通PS教程[M]．北京：北京水利水电出版社，2019.

[5] 赖晶亮．Photoshop 平面设计应用教程[M]．北京：人民邮电出版社，2021.